OPTISCHE ILLUSIONEN

OPTISCHE ILLUSIONEN

ÜBER **150** TRÜGERISCHE BILDER, DIE IHRE WAHRNEHMUNG AUF DIE PROBE STELLEN

Dr. Gareth Moore

Parragon

Bath • New York • Singapore • Hong Kong • Cologne • Delhi
Melbourne • Amsterdam • Johannesburg • Shenzhen

Text und Illusionen: Dr. Gareth Moore

Realisation der deutschen Ausgabe:
trans texas publishing, Köln
Übersetzung: Heinrich Degen, München

ISBN 978-1-4723-4013-9
Printed in China

Setzen Sie Ihre Schutzbrille auf!

Hier lernen Sie die Grenzen der visuellen Wahrnehmung kennen.

Sind Sie bereit für die faszinierende Welt optischer Täuschungen? Gegenstände verschwinden vor Ihren Augen, gerade Linien verbiegen sich, Farben wechseln und Objekte beginnen zu wandern.

Vielleicht haben Sie schon die praktische Dekodierhilfe vorne im Buch entdeckt. Sie hilft Ihnen dabei die Illusionen aufzudecken. Ein kleiner Hinweis: Alle hier gezeigten optischen Täuschungen wirken sehr real! Achten Sie also auf diese Symbole. Sie weisen auf die jeweils geeignete Dekodierhilfe hin.

Und die Schutzbrille? Sollte eine der Illusionen bei Ihnen Unwohlsein oder Schwindel auslösen, dann legen Sie das Buch zur Seite, schließen Sie für eine Minute die Augen und probieren Sie es dann erneut.

Und hier geht's los mit den Illusionen Ihrer Wahl:

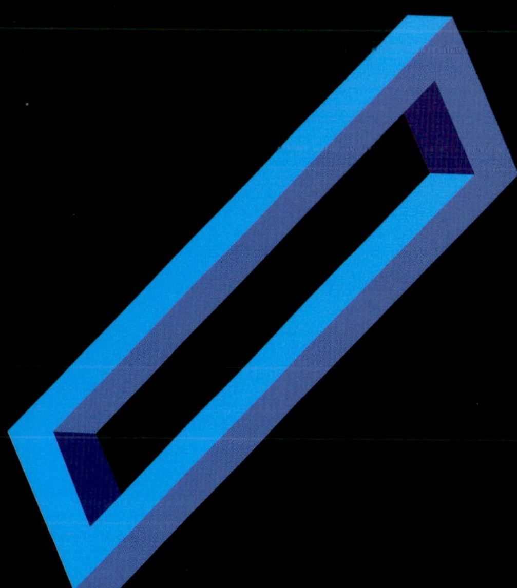

Verbogen

Sind diese Linien gekrümmt?

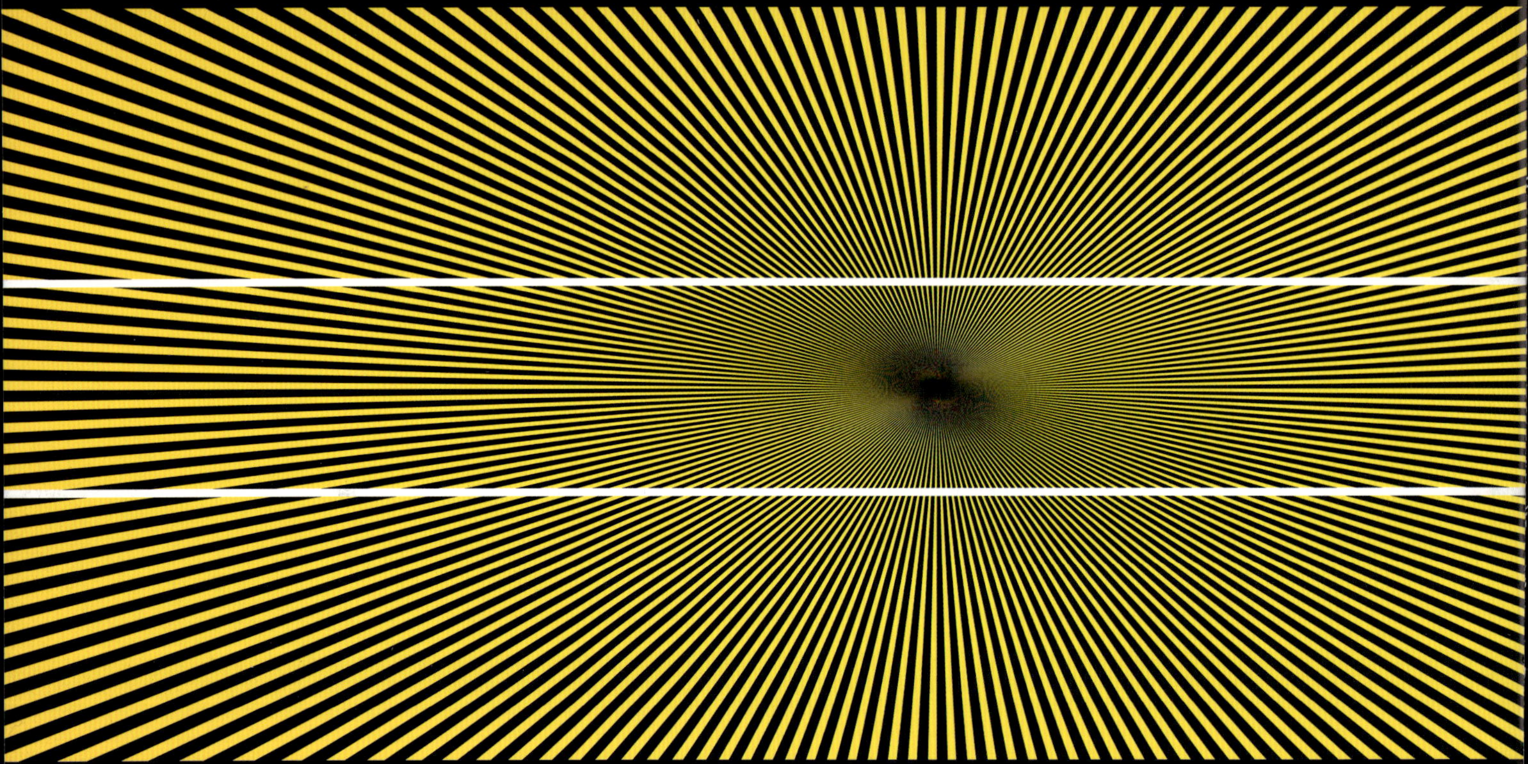

Die quer verlaufenden weißen Linien scheinen sich nach oben und dann nach unten zu krümmen. Das ist allerdings eine optische Täuschung, denn unser Gehirn spielt uns einen Streich.

Legen Sie Dekodierhilfe A über die Linien. Sie werden sehen, dass sie perfekt gerade sind.

In der Abbildung links scheinen die blauen Linien vom Zentrum des Kreises angesaugt zu werden. Auch das ist eine Illusion, denn es handelt sich um perfekte Quadrate.

Unser Gehirn interpretiert die konzentrischen Kreise als Tunnel und nimmt fälschlicherweise an, die Quadrate würden sich nach innen verbiegen.

Gerade *stehen*

Sind diese stehenden und umgefallenen Zäune parallel zueinander?

Wenn Sie glauben, die Illusion auf der gegenüberliegenden Seite wäre erstaunlich, dann wird diese Sie noch mehr überraschen. Die diagonalen Linien scheinen aufeinander zu oder voneinander wegzustreben. Wenn Sie mit der Dekodierhilfe E die Abstände am oberen und unteren Bildrand messen, erkennen Sie, dass dies nicht der Fall ist. Es handelt sich um parallel verlaufende Linien.

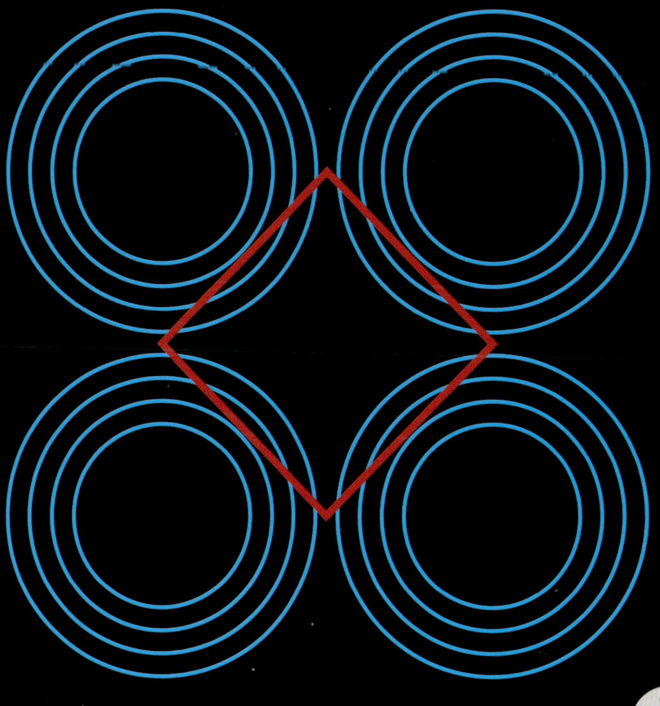

Wie die Quadrate auf der gegenüberliegenden Seite scheinbar vom Zentrum angesaugt werden, so scheinen sich die Seiten des eingekreisten Quadrates rechts nach außen zu wölben.

Diese Interpretationen unseres Gehirns lassen sich nicht ausschalten, denn das Bild wird schon verarbeitet, bevor man es bewusst wahrnimmt.

Die Wahrheit biegen

Sind diese Schachbrettmuster quadratisch?

Viele der Linien im Gitter rechts scheinen sich beim Verlauf durch die Kreissegmente zu verbiegen. Das passiert, weil unser Gehirn versucht, nicht zusammenpassende Elemente zusammenzubringen.

A

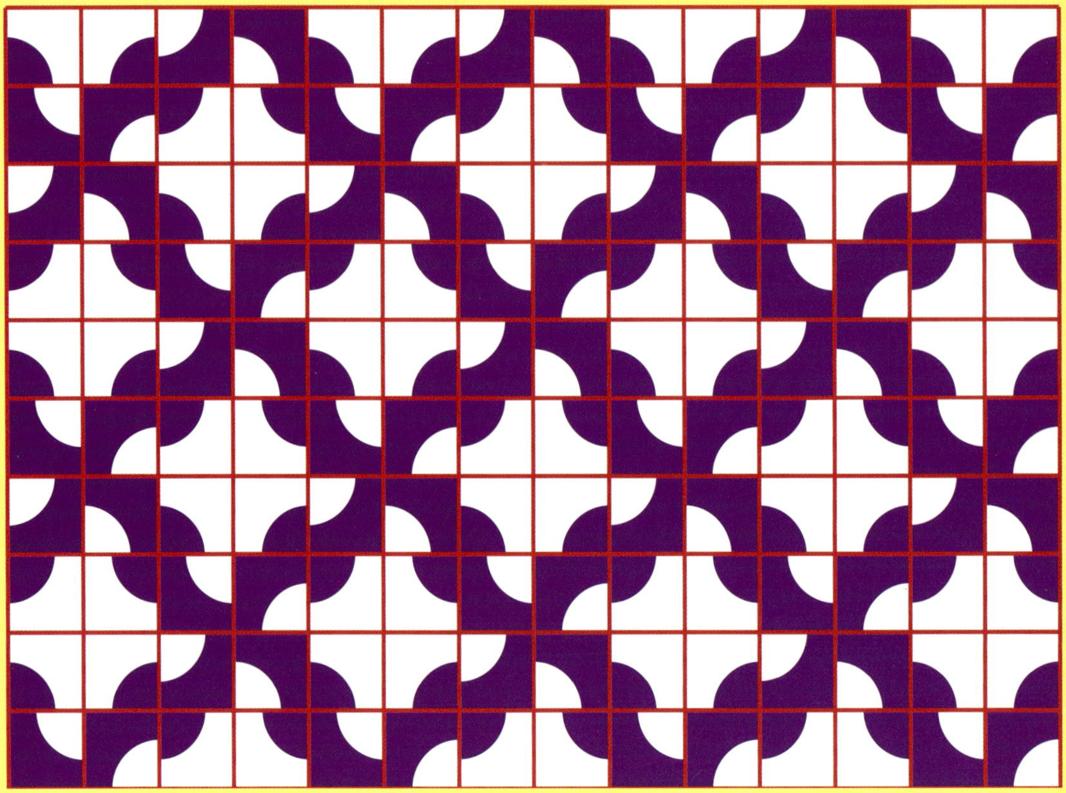

In diesem blaugrünen Gitter rechts bewirken die Kurvenelemente, dass die Querlinien scheinbar leicht nach unten hin zusammenlaufen. Trotz des ausgeprägten Gittermusters verleiten die S-Kurven unser visuelles System zur Annahme, das Schachbrett wäre gekippt. Die Kontrolle mit Dekodierhilfe E beweist aber das Gegenteil.

E

Einfach *umgeleitet*

Sind die schwarzen Linien zwischen den bunten Quadraten gerade oder krumm?

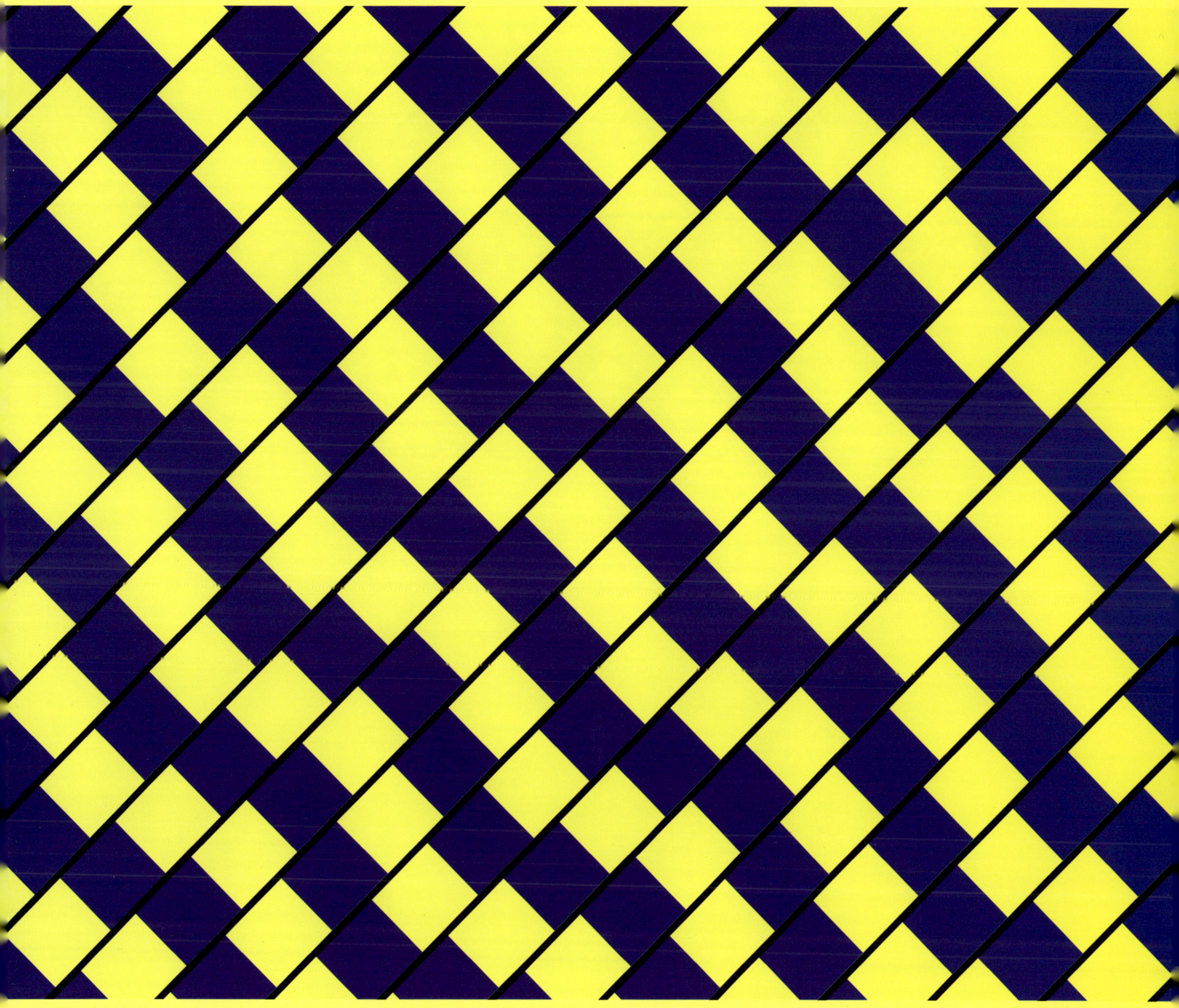

Die schwarzen Diagonallinien scheinen wellenförmig über das Blatt zu verlaufen. Beim Anlegen der Referenzlinie von Dekodierhilfe A erweisen sich jedoch alle Linien als gerade. Das Würfelmuster ist so dominant, dass es das weniger visuell prägnante Element verzerrt erscheinen lässt.

Diagonale

Sind die diagonalen Linien gekrümmt?

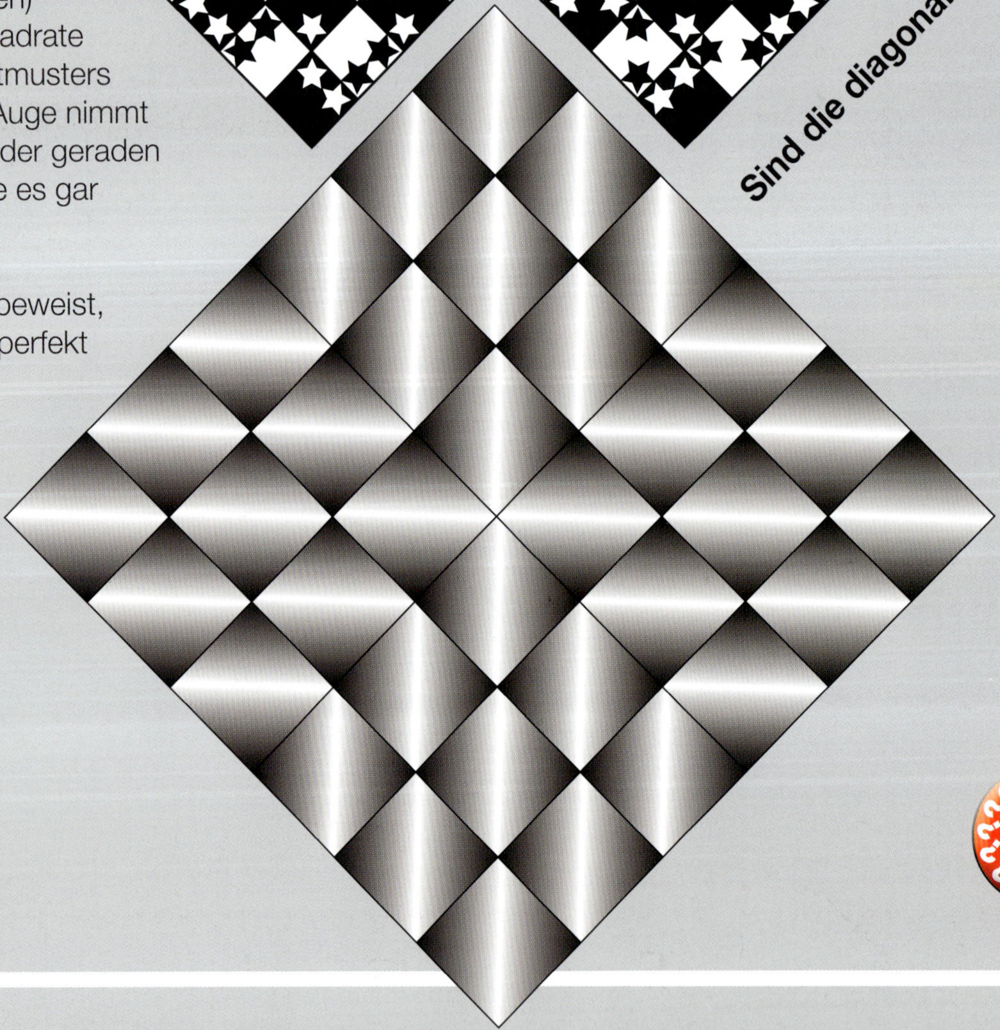

Durch das Hinzufügen von Zeichen (oben) oder das Schattieren (unten) scheinen die Quadrate des Schachbrettmusters verzerrt. Unser Auge nimmt eine Verzerrung der geraden Kanten wahr, die es gar nicht gibt.

Dekodierhilfe A beweist, dass alle Linien perfekt gerade sind.

A

Verzerrter Hintergrund

Können Sie den Hintergrund ignorieren und sagen, ob die Linien gerade sind?

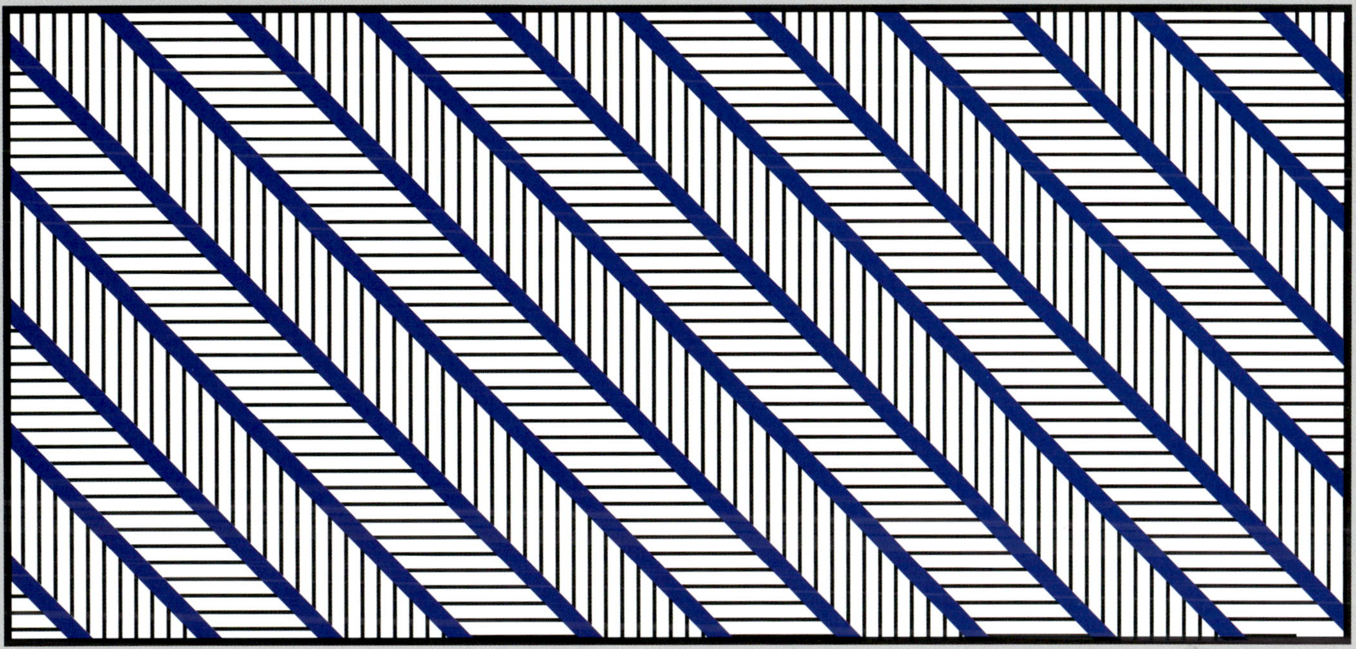

Die Linien im oberen Bild scheinen sich zu biegen. Tatsächlich sind sie alle parallel zueinander. Unser Gehirn überkompensiert die schrägen Hintergrundlinien, wodurch die Linien im Vordergrund verzerrt erscheinen. Das Gleiche passiert im unteren Bild, bei dem an den Konturen zusätzlich geisterhafte Farben auftauchen können. Drehen Sie das Buch um 45 Grad, und die Farben springen zu den Nachbarlinien.

Gefühl für Proportionen

Sind die Figuren und Pfeile unterschiedlich groß?

Sind die gelben Kreise gleich groß? Und die grünen Quadrate darunter? Mit Dekodierhilfe B lässt sich das überprüfen.

Die beiden schwarzen Pfeile unten sind eine der bekanntesten optischen Täuschungen. Der obere Pfeil scheint kürzer als der untere zu sein, tatsächlich sind beide gleich lang.

Die Illusion lässt sich durch den Perspektivenaspekt, wie bei der gelben Wand rechts, zusätzlich verstärken. Erstaunlich, aber die beiden roten Pfeile sind gleich lang.

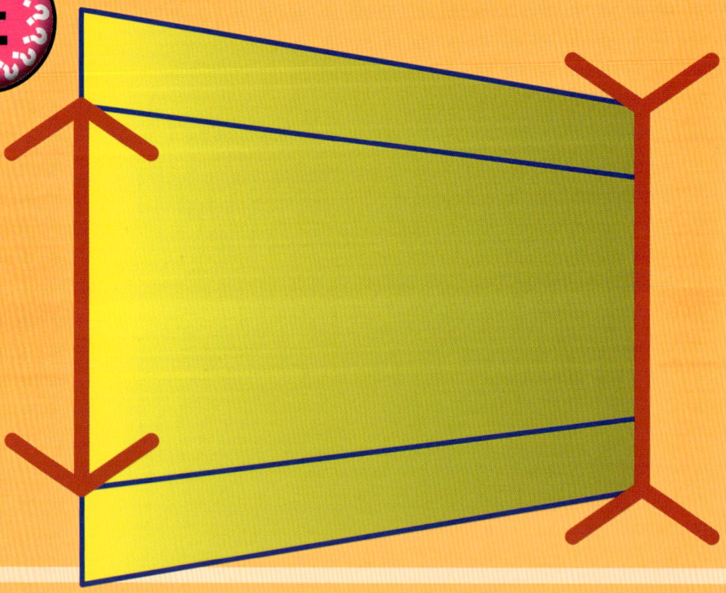

Verwirrende *Rechtecke*

Welches der querliegenden Rechtecke entspricht dem oberen senkrecht stehenden Rechteck?

Beim Blick auf ein Element, das höher ist als die umgebenden Elemente, liefert unser Gehirn eine eher ungenaue optische Analyse.

Wenn Sie schon einmal eine Stadt mit hohen Wolkenkratzern wie New York besucht haben, konnten Sie feststellen, dass von unten betrachtet alle Gebäude in etwa gleich hoch erscheinen. Wenn Sie dann in den obersten Etagen eines der größten Gebäude stehen, wird deutlich, wie sehr sich Ihr Gehirn getäuscht hat.

Auch bei der Analyse der gestapelten Rechtecke und deren Größenverhältnisse wird Sie Ihr Gehirn täuschen. Das kleinste der quer liegenden Rechtecke hat genau dieselbe Größe wie das senkrecht Stehende.

In dieser Reihe von Säulen scheinen die Abstände zwischen den Säulen größer zu werden. Stimmt das?

Rätselhafte **Kurven**

Welche Figur ist größer?

Unser Gehirn kann selbst aus wenigen Informationen Schlussfolgerungen ziehen.

Bei der Abbildung rechts verwendet es Informationen über relative Bezüge, die es in der realen Welt gelernt hat und folgert so, dass die rechte Figur kleiner als die linke sein muss.

Wie Dekodierhilfe E bestätigt, sind beide gleich groß.

Betrachten Sie die Bögen unten und urteilen Sie nur nach dem, was Sie sehen: Welcher Bogen ist der größte, welcher der kleinste?

Tatsächlich sind alle drei Bögen gleich groß.

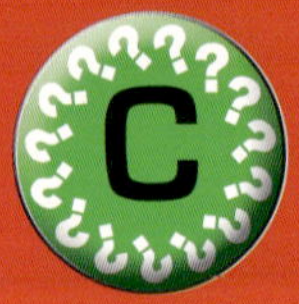

Zentrale Fragen

Welcher Punkt sitzt genau im Zentrum der jeweiligen Figur?

Wo, glauben Sie, ist das vertikale Zentrum des Dreiecks rechts?

Es muss ganz offensichtlich der mittlere Punkt sein, die beiden anderen liegen deutlich über oder unter dem Mittelpunkt.

Überprüfen Sie das Ergebnis mit der Dekodierhilfe E. Die Lösung steht auf Seite 96.

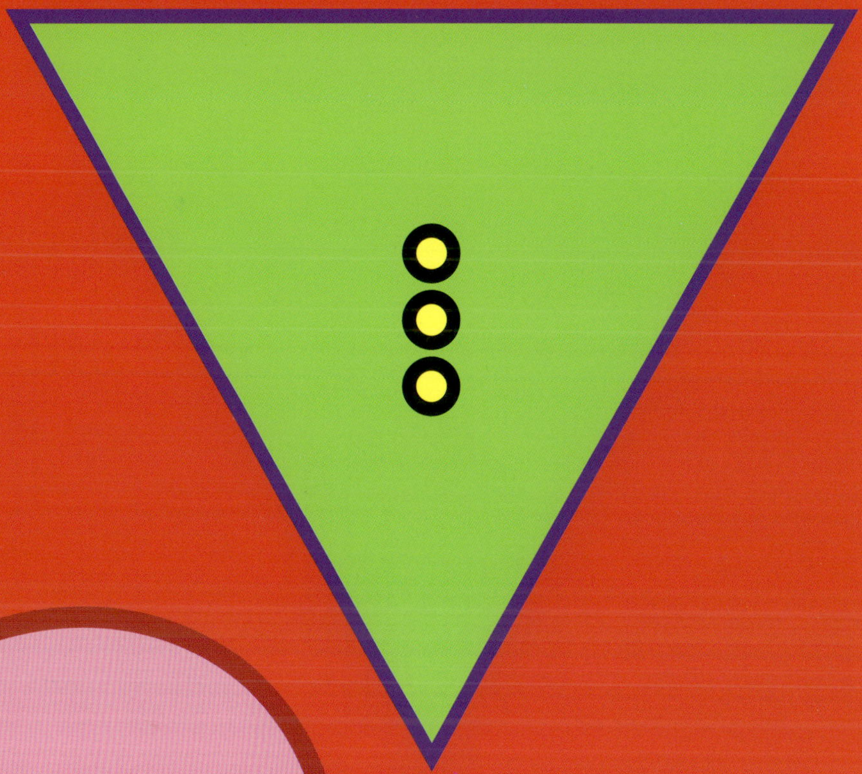

Welcher der rosafarbenen Punkte entspricht der vertikalen Mitte im Herzen links?

Wenn Sie sich entschieden haben, dann nehmen Sie Dekodierhilfe E und messen Sie die Abstände, um zu sehen, ob Sie richtig lagen. Die Lösung finden Sie auf Seite 96.

Eine Frage der Länge

Sind die einzelnen Linien dieser Wellenfigur unterschiedlich lang?

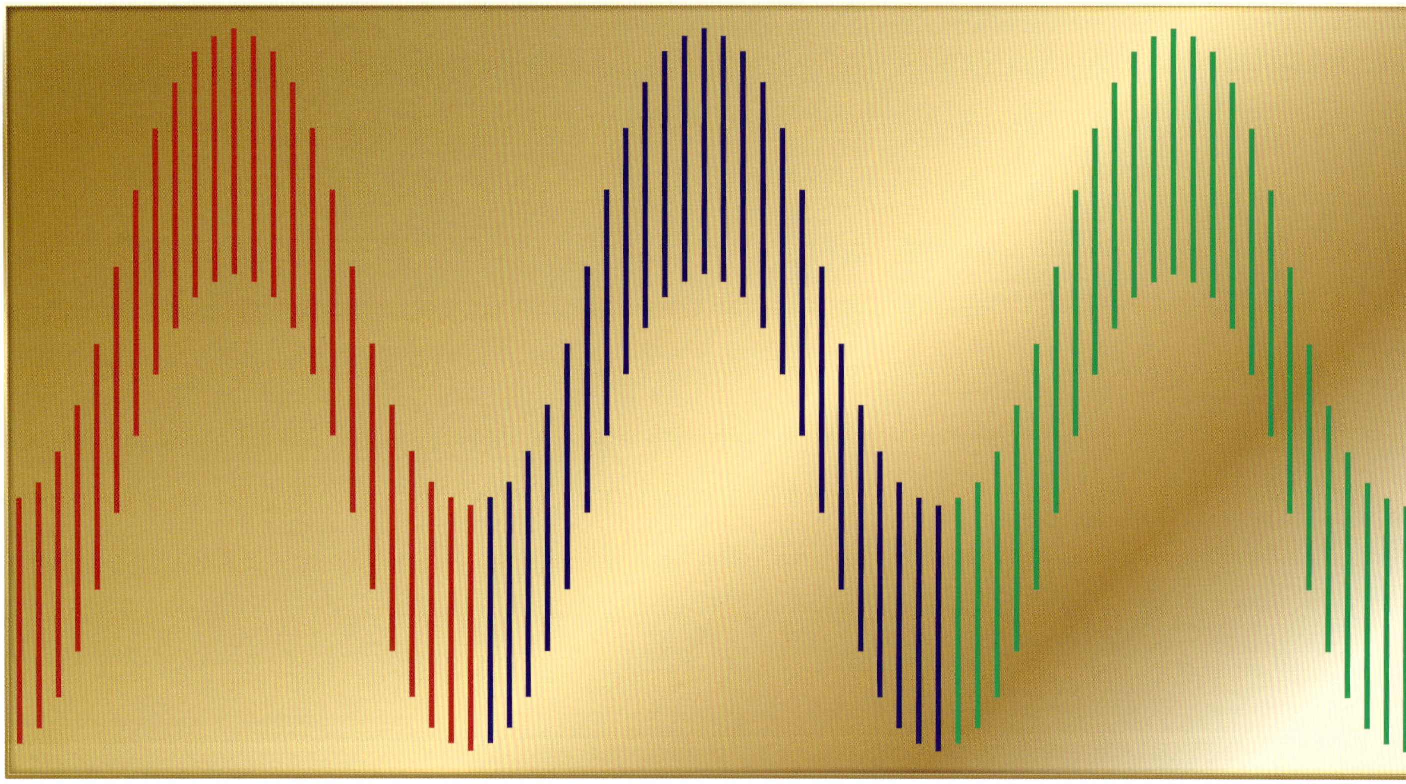

Auf den ersten Blick könnte man vermuten, die Länge der einzelnen Linien würde innerhalb der Welle variieren. Bei genauer Betrachtung oder mit Hilfe von Dekodierhilfe E sieht man, dass alle Linien dieselbe Länge haben. Zu dieser Täuschung kommt es, weil die variierende horizontale Weite der Wellen unserem Gehirn suggeriert, dass sich die Höhe der einzelnen Segmente ebenso verändert. Breitere Bereiche „müssen“ also aus größeren Elementen bestehen.

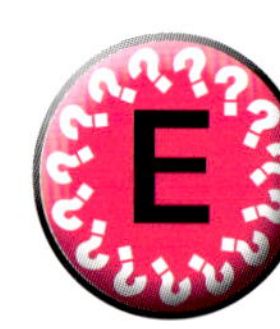

Sind die Abstände zwischen den Dreiecksspitzen gleich groß?

Der Abstand von der Spitze des linken Dreiecks zur Spitze des mittleren scheint viel kleiner zu sein als der Abstand zwischen der Spitze des mittleren und des rechten Dreiecks. Dies ist eine Täuschung, die so funktioniert, wie die Illusion des falschen Dreieckmittelpunktes.

Eine Frage der *Drehung*

Sind diese Tischplatten gleich groß? Und die Quadrate?

Der Tisch rechts scheint sehr breit zu sein. Halten Sie es für möglich, dass er die gleiche Länge wie der untere Tisch hat?

Genau das ist der Fall! Die beiden Tischplatten sind in ihren Abmessungen absolut identisch.

Eine einfachere Variante dieser Täuschung zeigen die Quadrate unten. Das untere erscheint größer, obwohl beide in Wirklichkeit die gleichen Abmessungen haben.

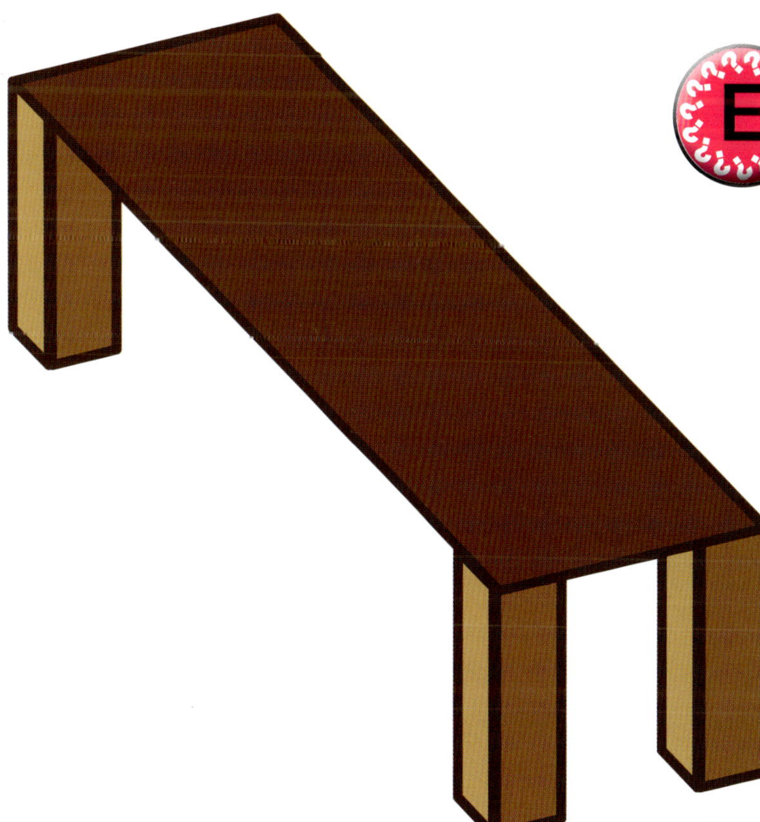

Ein anderer Blickwinkel

Unser Sinn für Maßstäbe lässt sich leicht irritieren, etwa wenn man ein Auge zukneift oder eine Szene fotografiert wird.

Sind diese Salz- und Pfeffermühlen unterschiedlich groß?

Ein anderer Aufnahmewinkel zeigt die Lösung.

Ausrichtung

Welche der farbigen Linien bildet die Fortsetzung der weißen Linie?

Versuchen Sie, ohne das Buch zu drehen, die weiße Linie gedanklich zu verlängern. Auf welche der bunten Linien trifft sie, wenn sie bis zum rechten Seitenrand fortgeführt wird?

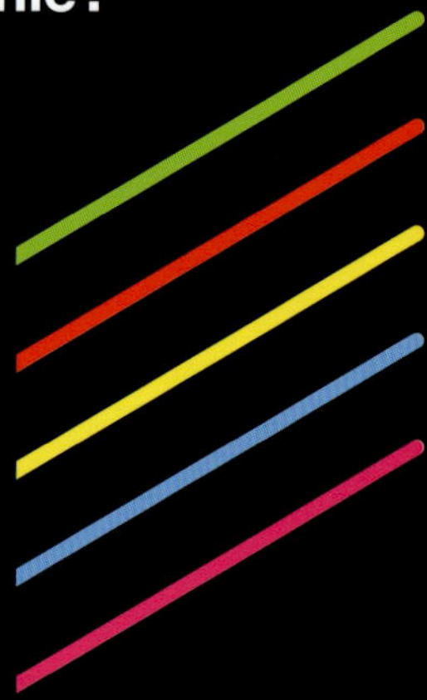

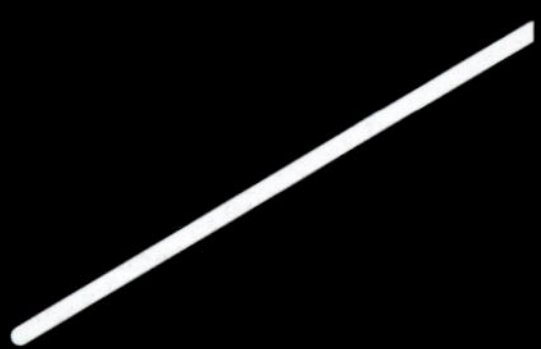

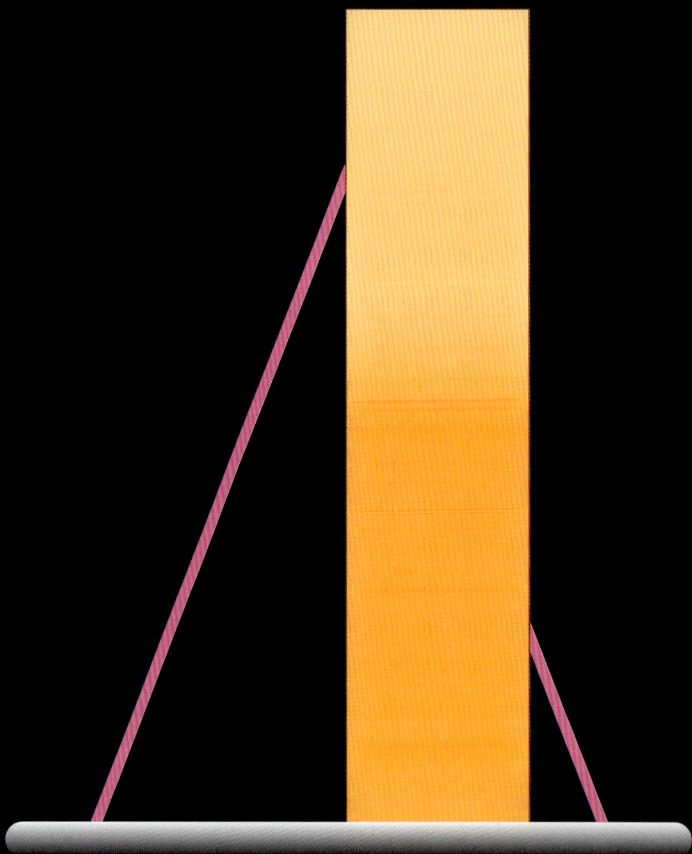

In der Illusion rechts verdeckt das orangefarbene Rechteck teilweise die pinkfarbenen Linien.

Kaum zu glauben, doch wenn man das Rechteck entfernt, treffen sich zwei Linien und bilden ein perfekt symmetrisches Dreieck.

In der oberen Illusion ist die rote Linie die richtige. Haben Sie's erkannt?

Nah und *fern*

Sind diese nahen und fernen Gegenstände gleich groß?

In der Abbildung rechts erwecken der schmaler werdende Untergrund und die zunehmende Dunkelheit den Eindruck von Tiefe. Entsprechend vermutet man, dass die Kugel im Hintergrund größer sein muss. Doch beide sind gleich groß.

Die untere Illusion mit dem Eisenbahngleis funktioniert ganz ähnlich, wobei der Effekt noch augenfälliger ist. Die offensichtlich zunehmende Entfernung veranlasst unser Gehirn zu korrigieren, sodass es den oberen Balken viel größer wahrnimmt, als er ist. Beide Querbalken sind gleich groß.

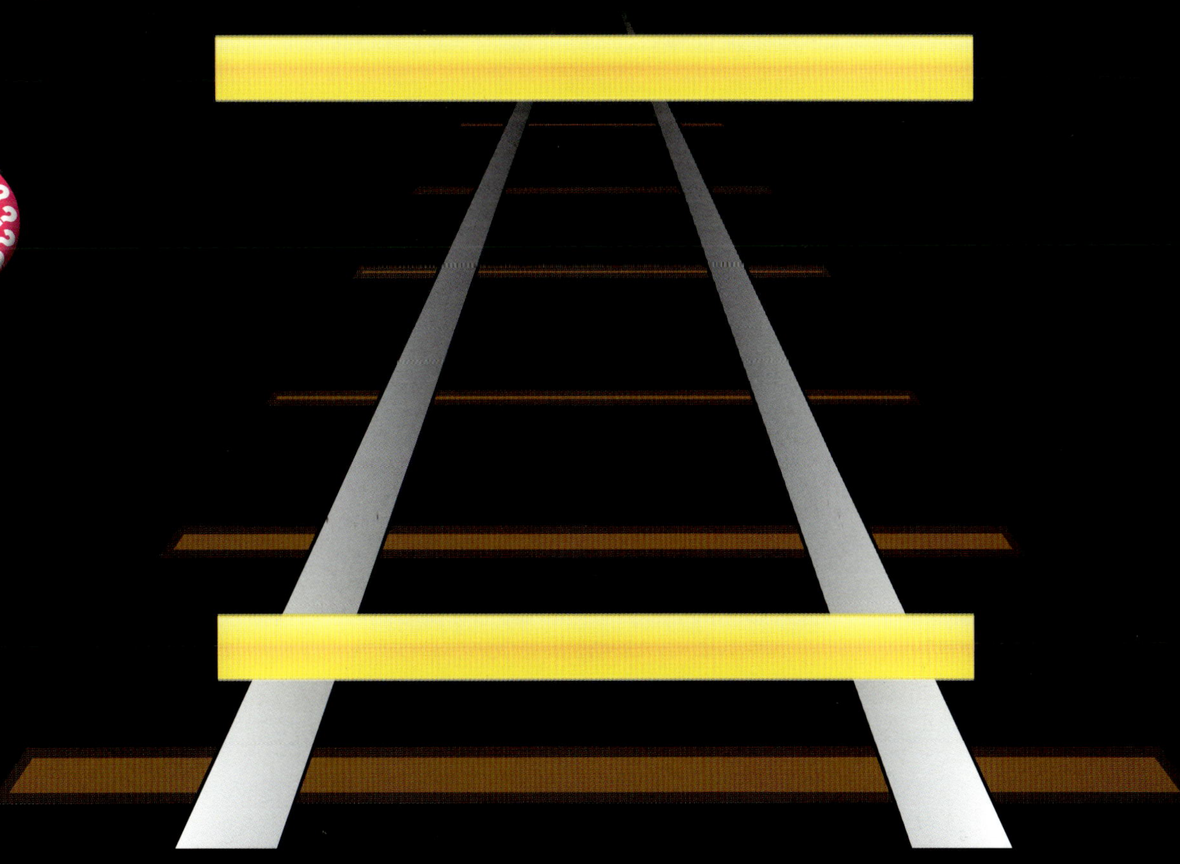

Schiefe Türme

Ist einer dieser Türme stärker geneigt als der andere?

Die Bilder sind völlig identisch, die Neigung der Türme ebenfalls.

Orientierungssinn

Welcher Weg ist kürzer?

Auch diese Bilder sind identisch, beide Wege sind also gleich lang.

Eine neue *Perspektive*

Seinen Standpunkt zu ändern bewirkt manchmal Wunder.

Gehen Sie dicht an den gelben Punkt und blicken Sie in Pfeilrichtung. Erkennen Sie den verborgenen Text?

Gehen Sie jetzt mit einem Auge dicht an die linke untere Ecke dieser Seite, dann das andere Auge schließen. Blicken Sie in Richtung der Linien. In einem überraschenden 3D-Effekt sollten die Linien nun senkrecht aus dem Blatt aufragen. Man muss eventuell experimentieren, bis der Effekt optimal wirkt.

Neue Ansichten

Das scheint ein ganz normales Foto zu sein, aber können Sie die versteckten Bilder entdecken?

Falten Sie, wie in diesen Bildern, eine Banknote entlang der Augen und Nase des Porträts. Kippen Sie den Geldschein nun auf sich zu und dann von sich weg. Das Gesicht blickt mal grimmig, dann grinst es.

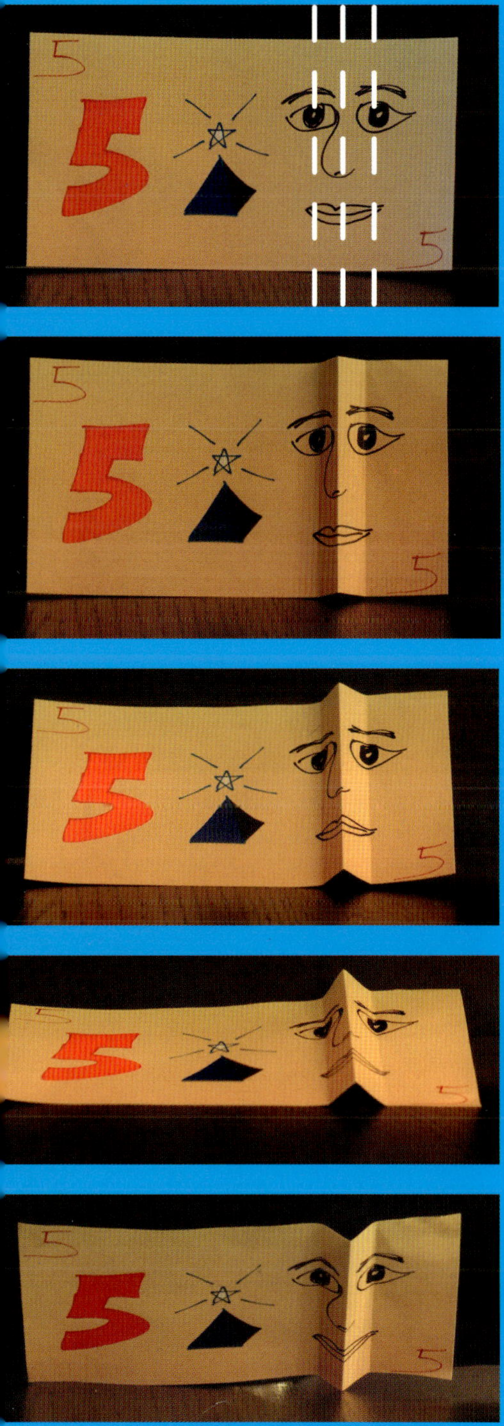

Tipp: Das Buch waagrecht halten und im flachen Winkel über die Seite schauen. Die Lösung steht auf Seite 96.

Die Macht der **Suggestion**

Können Sie auf dieser Seite vier weiße Figuren sehen?

Unvollkommene Wahrnehmung

Ein perfektes Sechseck?

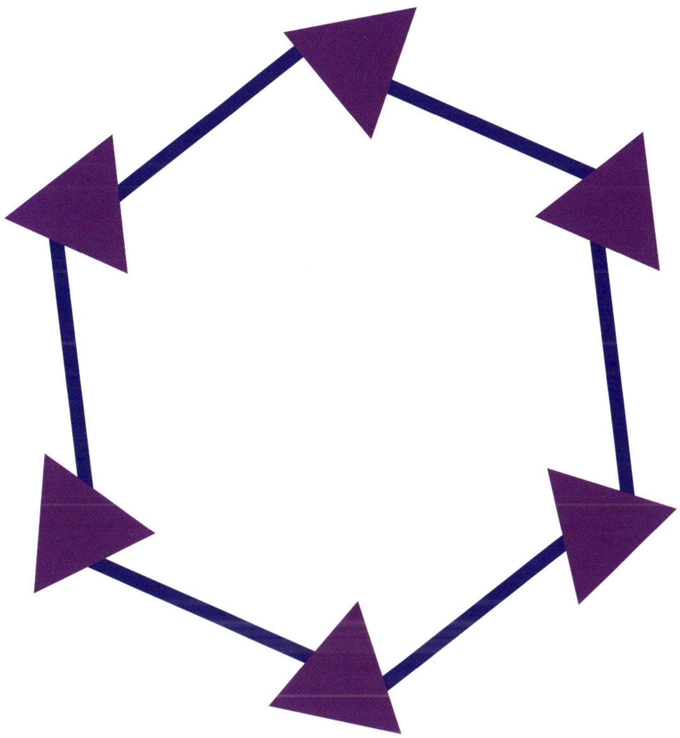

Unser Gehirn ist hervorragend im Erkennen von Mustern und im Ableiten von Schlussfolgerung aus begrenzten Informationen, wie die Figuren auf der gegenüberliegenden Seite zeigen.

In der Abbildung links verleiten die lila Dreiecke das Auge, obwohl sie nur kleine Partien des Sechsecks verdecken, die Grundfigur als ungleichförmig anzusehen. Tatsächlich ist das Sechseck ebenmäßig und symmetrisch.

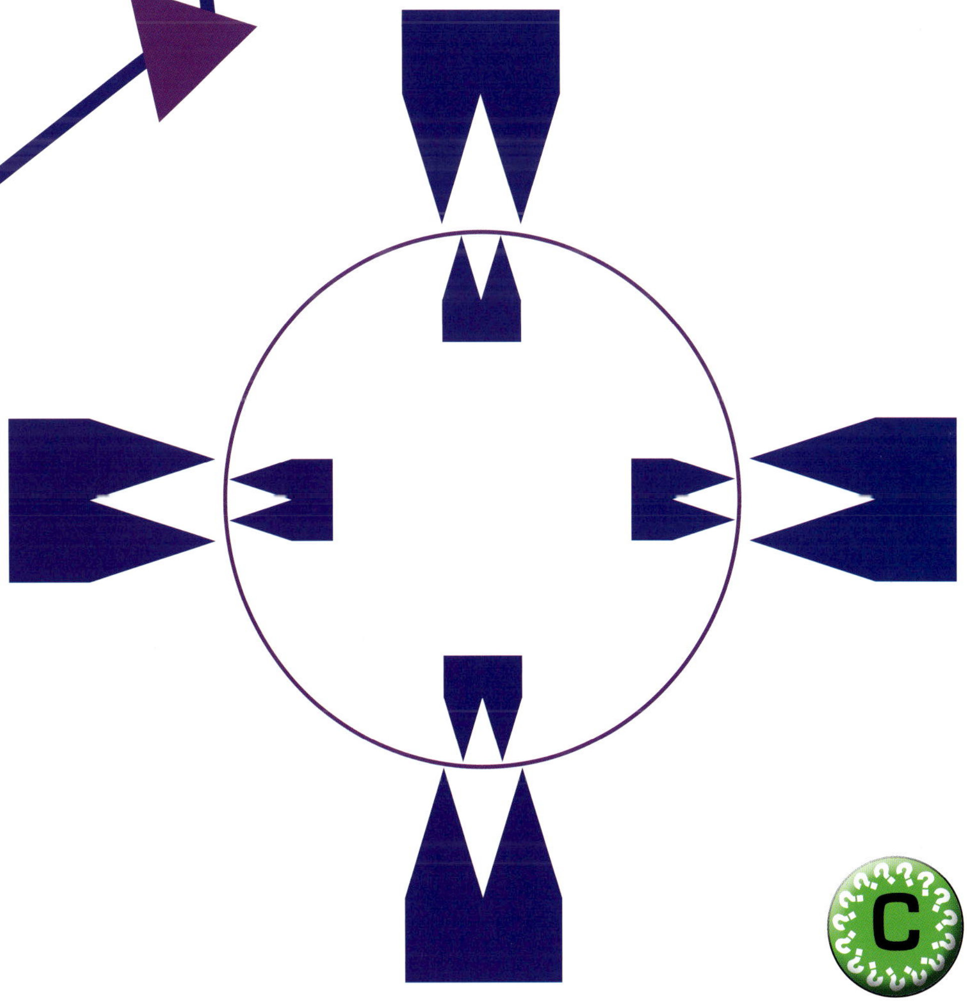

Ein perfekter Kreis?

Die Schwerkraft wirkt nicht nur auf physische Objekte: Die Präsenz anderer Objekte kann unsere Wahrnehmung von benachbarten Figuren beeinflussen.

Obwohl der Effekt relativ schwach ist, scheint sich der Kreis an den Stellen mit den Zacken leicht auszubeulen.

Dies ist eine optische Täuschung, denn der Kreis ist perfekt rund.

Formen **wahrnehmen**

Wie viele Kreise sehen Sie?

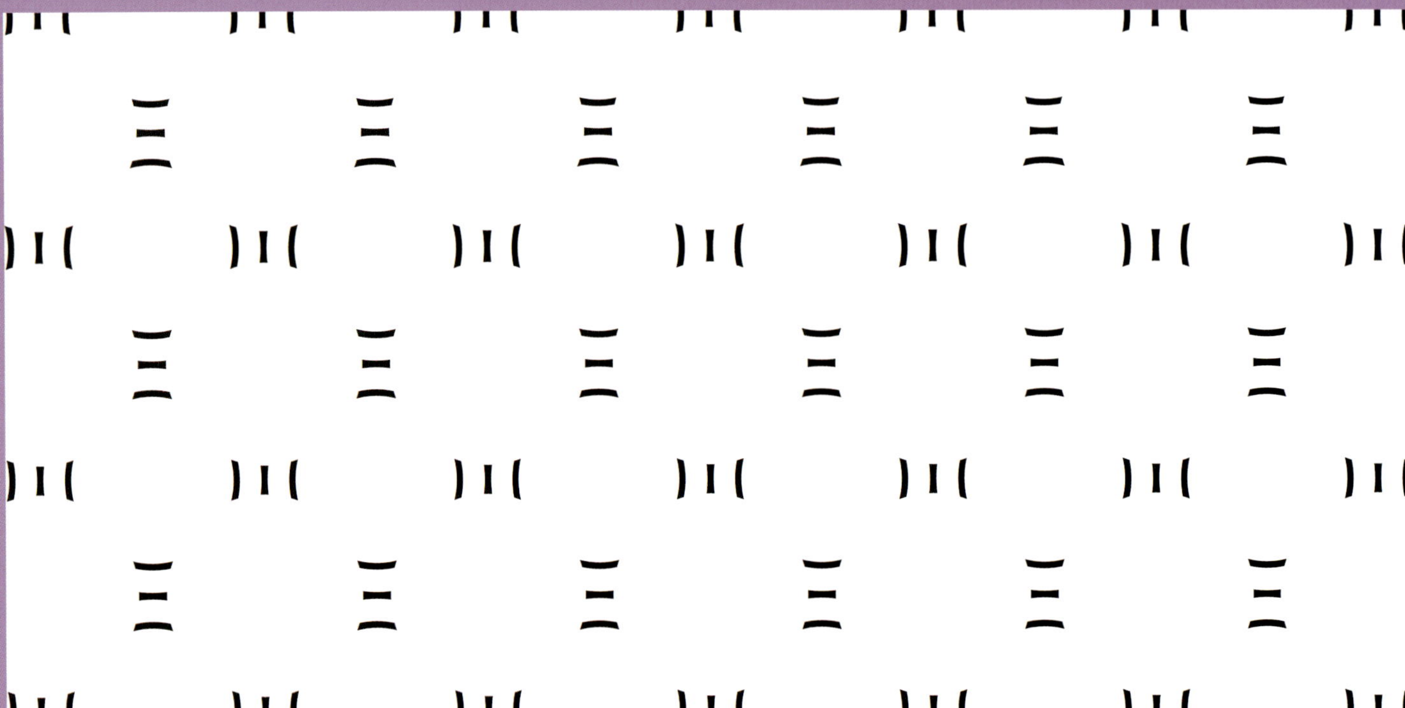

Die geringste Andeutung eines Kreises genügt, damit unser Gehirn einen Kreis sieht, wie das Bild oben zeigt. Die Abbildung enthält zwei Arten von Kreisen: Die größeren werden von den Endpunkten der konkaven Bögen markiert, die kleineren durch die Überbrückung der Lücken zwischen den Bogenelementen. Bei so wenigen Informationen ist es erstaunlich, dass man die weißen Kreise auf weißem Hintergrund so deutlich erkennt.

Die Abbildung rechts zeigt einen ganz anderen Effekt. Hier erscheint ein Muster aus voll ausgezeichneten Kreisen. Legen Sie das Buch ab und treten Sie einige Schritte zurück, dann schauen Sie es nochmals an. Wahrscheinlich erscheint Ihnen jeder Kreis nun als weißes Sechseck.

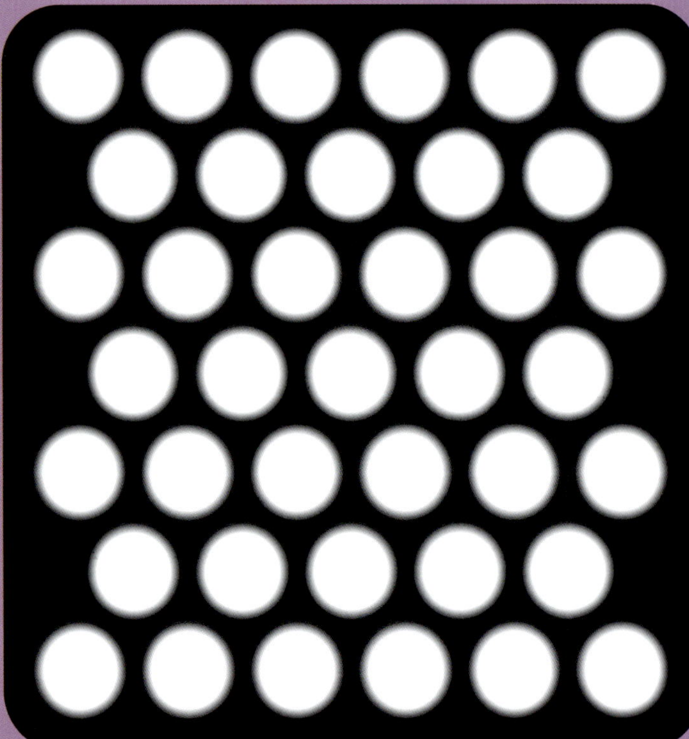

BB

Imaginäre *Kurven*

Sehen Sie ein Gitter aus geraden Linien oder ein Muster mit weißen Kreisen?

Hier vermitteln gekreuzte und gerade Linien die Illusion heller weißer Kreise. Die Abbildung besteht nur aus geraden Linien mit Aussparungen an den Ecken. Das genügt, um den Eindruck, nicht etwa eines Linienmusters, sondern eines Musters hell leuchtender Kreise zu vermitteln.

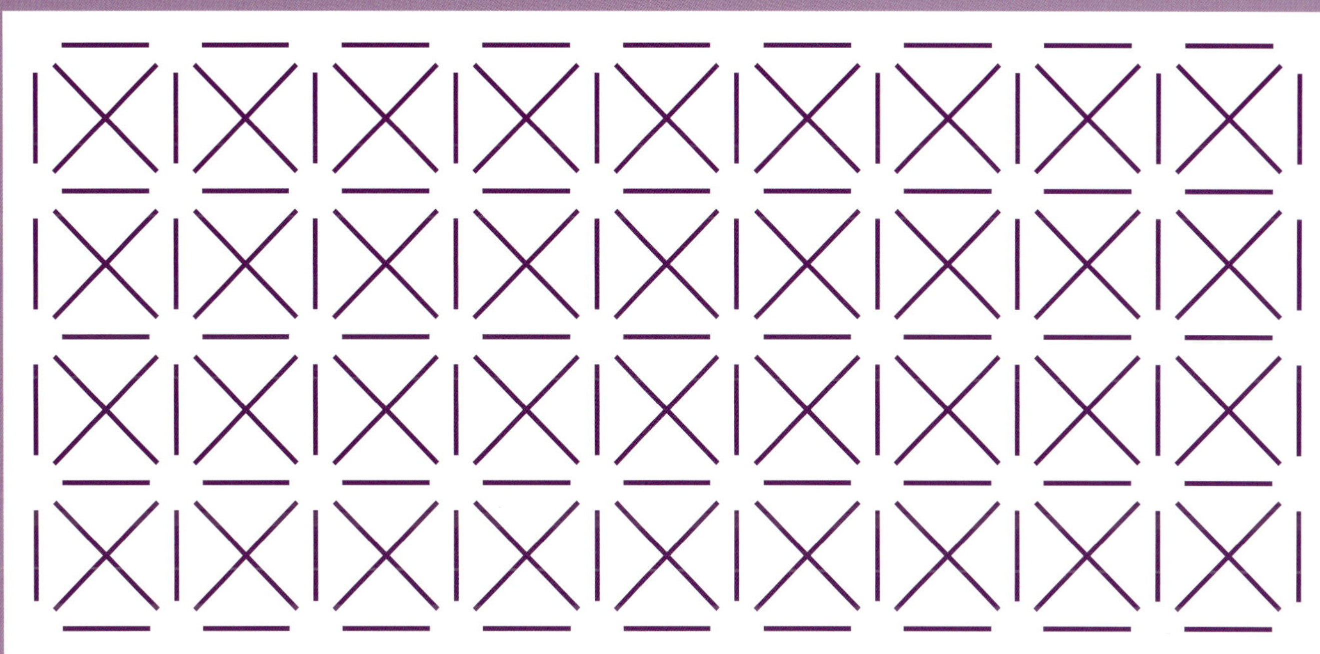

Selbst wenn die diagonalen Linien wegfallen, sieht man die Kreise immer noch.

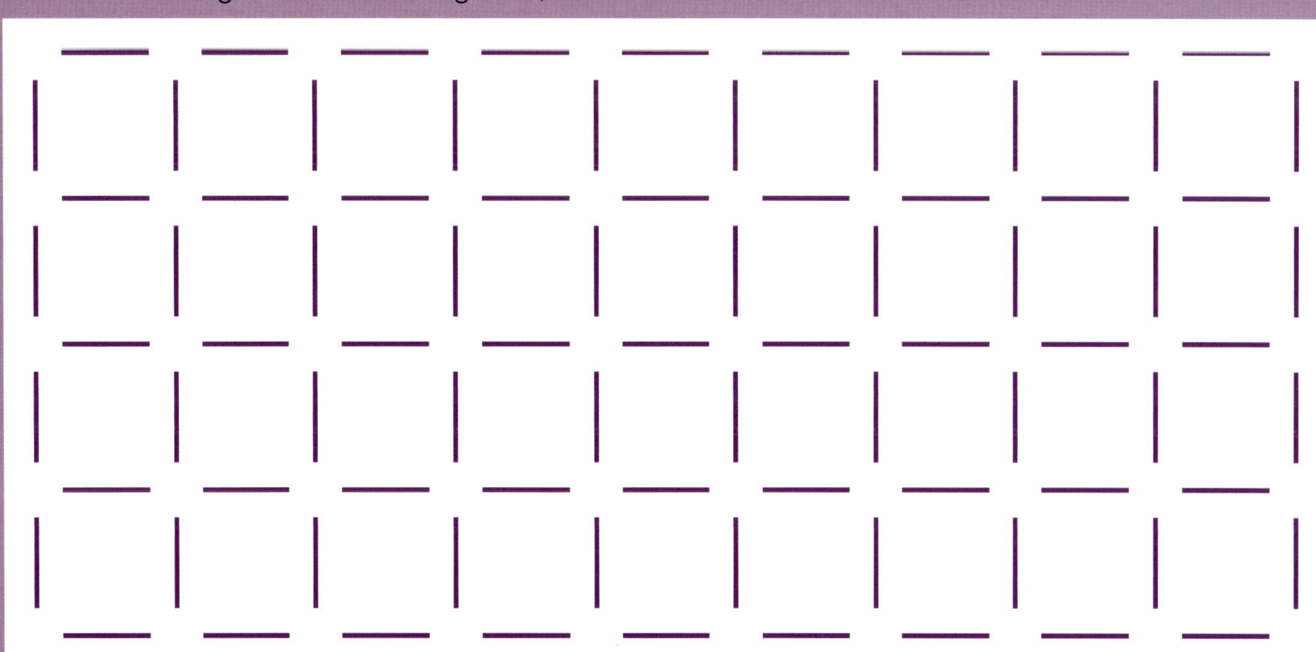

Verwirrendes Moiré

Diese verwirrenden Wirbelmuster werden durch einfache Bogenlinien erzeugt.

Den Fokus im Fokus

Fällt es Ihnen schwer, Ihre Augen auf diese verwirrenden Muster zu fixieren?

Als Moiré bezeichnet man ein Interferenzmuster, das bei der Überlappung zweier verschiedener Linienmuster entsteht. Wie hier zu sehen, kann dieser Effekt selbst bei relativ einfachen Linienmustern sehr intensiv wirken.

Durch Verschieben der Seite wird der Effekt verstärkt. Bewegen Sie das Buch von sich weg und auf sich zu, während Sie den Mittelpunkt fixieren.

Das untere Raster aus Quadraten macht es den Augen schwer, einen Fixpunkt zu finden. Es gibt Nichts, worauf sie sich fokussieren könnten und so schweifen die Augen ziellos umher. Selbst wenn man sich bewusst auf ein bestimmtes Quadrat konzentriert, tritt dieser Effekt ein. Sie können die Seite auch von sich wegneigen und dann auf das Muster schauen.

Wackelbilder

Sich wiederholende Kurvenlinien erzeugen verschiedene visuelle Effekte.

A

Das linke Muster aus einer Abfolge von Kurven erscheint zunächst einfach, demonstriert aber mehrere Phänomene:

- Die Kurven vermitteln den Eindruck von Tiefe: Auf dem Blatt sieht man Berge und Täler.
- Zieht man die Seite dichter heran, dann scheinen die Linien auseinanderzugleiten.
- Manche Kurvenreihen scheinen auf dem Weg von oben nach unten breiter oder schmaler zu werden. Mit Dekodierhilfe A können Sie überprüfen, ob das stimmt.
- Dort, wo die Kurven die Richtung ändern, können Sie ein Schillern erkennen.

D

Im unteren Kurvenmuster treten einige dieser Effekte auf. Die abwechselnden Reihen scheinen außerdem farbig zu schimmern und unterschiedliche Grautöne zu haben. Dekodierhilfe D bestätigt aber, dass sie identische Farben haben.

Verwirrende Kreise

Sehen Sie durch die Wellenlinien erzeugte Bewegungsmuster, wenn Sie das Buch auf sich zu und wieder wegbewegen?

Verdreht

Bewegt sich dieses Muster spiralförmig zum Zentrum hin?

Dieses Muster besteht aus vier konzentrischen Kreisen, die sich an keinem Punkt überlappen. Trotz dieser Erkenntnis hat man, gerade wenn man seine Augen über die Abbildung wandern lässt, den Eindruck, die Quadrate würden eine kontinuierliche, im Zentrum beginnende Spirale bilden.

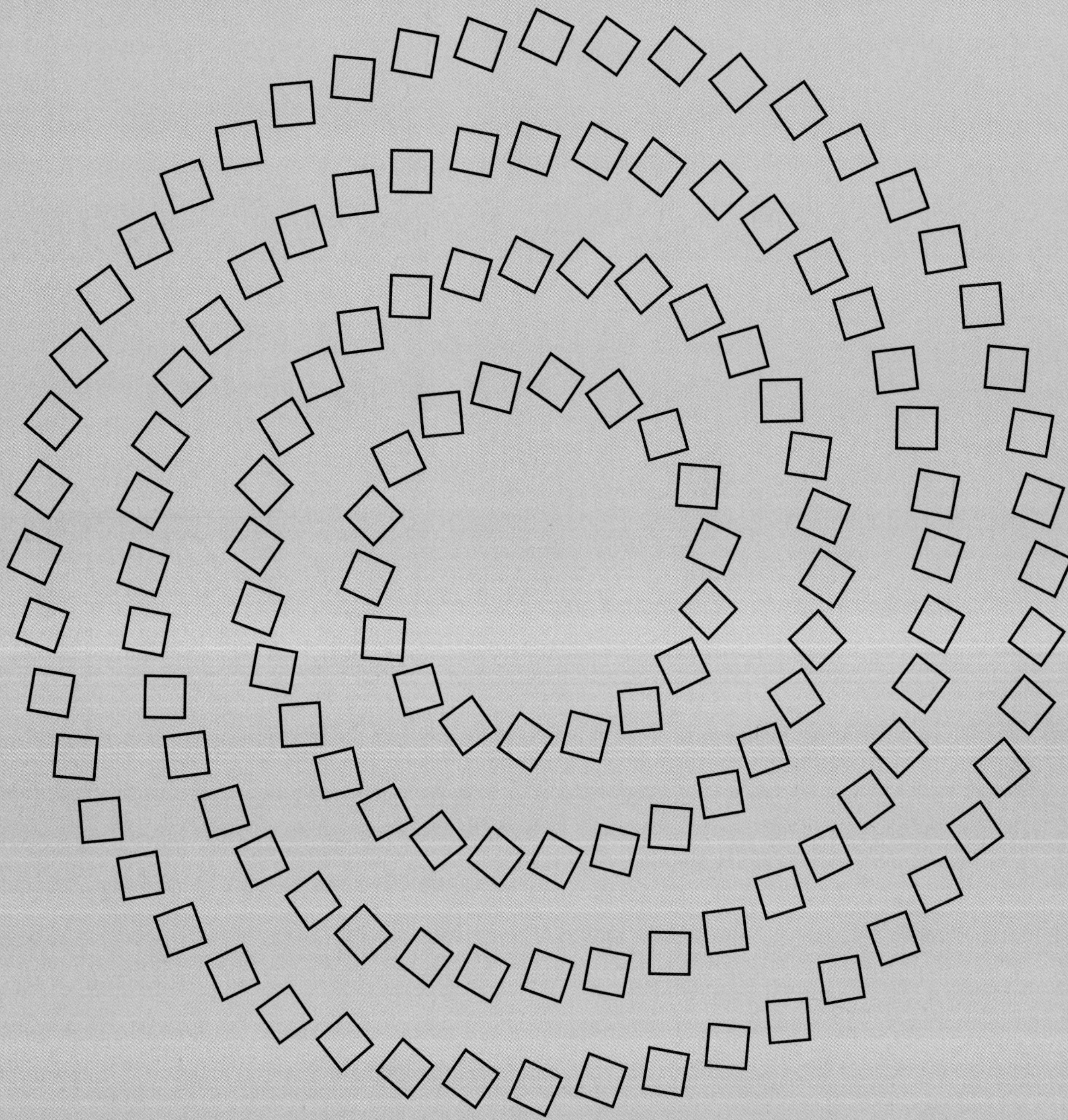

Zur Mitte hin

Zieht Sie diese Spirale wie ein Trichter in der Mitte hinein?

Die Bögen dieses Musters scheinen sich ins Zentrum der Abbildung hineinzuschrauben. Aber auch hier handelt es sich nicht um eine Spirale sondern um konzentrische Kreise.

Glitzernde **Diamanten**

Lassen Sie Ihre Augen über das Bild schweifen. Sehen Sie das Glitzern?

Geister

Lassen Sie Ihre Augen nach rechts über das Bild wandern. Sehen Sie farbige Bereiche?

Wenn Sie die Mitte des Bildes fokussieren, bilden sich zwei Ebenen heraus. Fokussieren Sie nun einen anderen Teil der Schraffur und die beiden Ebenen sind vertauscht. Um die verschiedenen Effekte auszuprobieren, blicken Sie aus der Nähe und der Ferne auf das Bild.

Die Dekodierhilfe B bestätigt, dass die Farben nur Einbildung sind.

Was sehen Sie, wenn Sie Ihre Augen über die Gänseblümchen wandern?

Diese Blumen schimmern intensiv, wenn man die Augen darüber wandern lässt. Der Effekt wird noch verstärkt, wenn man das Buch näher an die Augen hält.

Für die Abbildungen oben und links gilt: Wenn Sie nur einen Teil fokussieren, stabilisiert sich das Bild. Sobald Sie mit dem Blick abschweifen, entsteht eine Illusion.

Ein Problem der Ausrichtung

Verschieben sich diese Muster?

Bewegen Sie die Augen von links nach rechts entlang der blauen Quadrate. Ganze Säulen scheinen sich nach oben und unten zu verschieben. Ihr Gehirn versucht, die Quadrate in eine Reihe zu bringen.

Wenn Sie im unteren Bild mit den Augen hoch und runter wandern, dann verschieben sich die diagonalen Linien scheinbar seitwärts. Gleichzeitig laufen geheimnisvolle Muster über die gelben Linien.

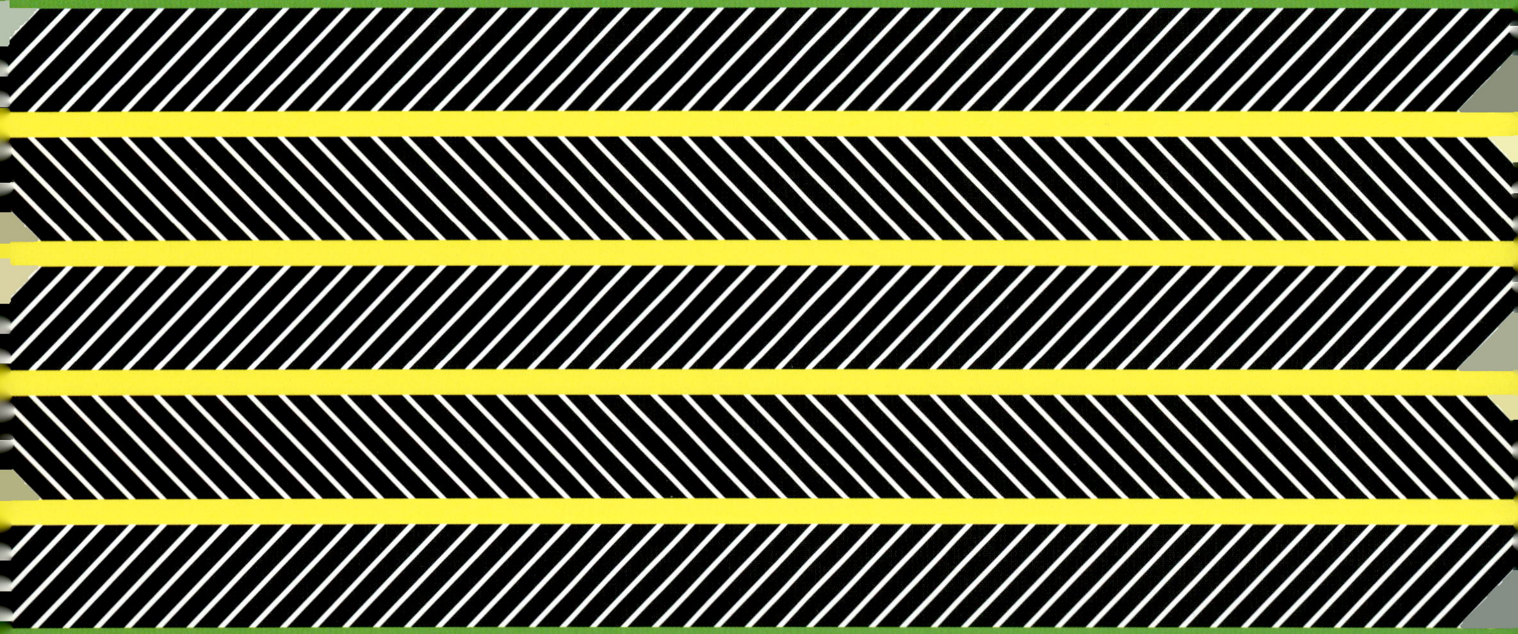

Gleitbewegung

Halten Sie das Buch etwas näher und betrachten Sie dann die Bilder.

Das „Floß“ im Zentrum der Abbildung oben rechts scheint in einem Meer unscharfer Punkte zu schwimmen. Es hebt sich dabei sehr prägnant vom Hintergrund ab.

Im Muster unten links bewegen sich die Säulen permanent nach links und nach rechts. Der Effekt zeigt sich am deutlichsten, wenn man die Augen langsam von Punkt zu Punkt bewegt, und das Bild das Gesichtsfeld weitgehend ausfüllt.

Die Illusion unten rechts ist ähnlich, allerdings verläuft die Bewegung chaotischer, nämlich auch nach oben und unten.

Diese Täuschungen beruhen auf der Simulation von Licht- und Schatteneffekten, aus denen das Gehirn räumliche Tiefe und relative Position berechnet.

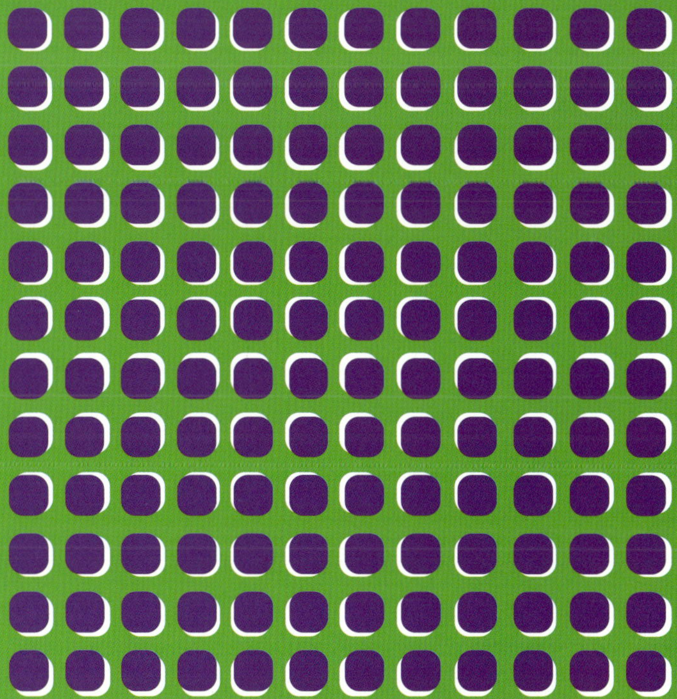

In die **Unendlichkeit**

Blicken Sie auf den Kreis und ziehen Sie dabei das Buch näher heran.

Sehen Sie die Flecken wie Sterne in einem Science-Fiction-Film vorbeiflitzen?

Total Verschwommen

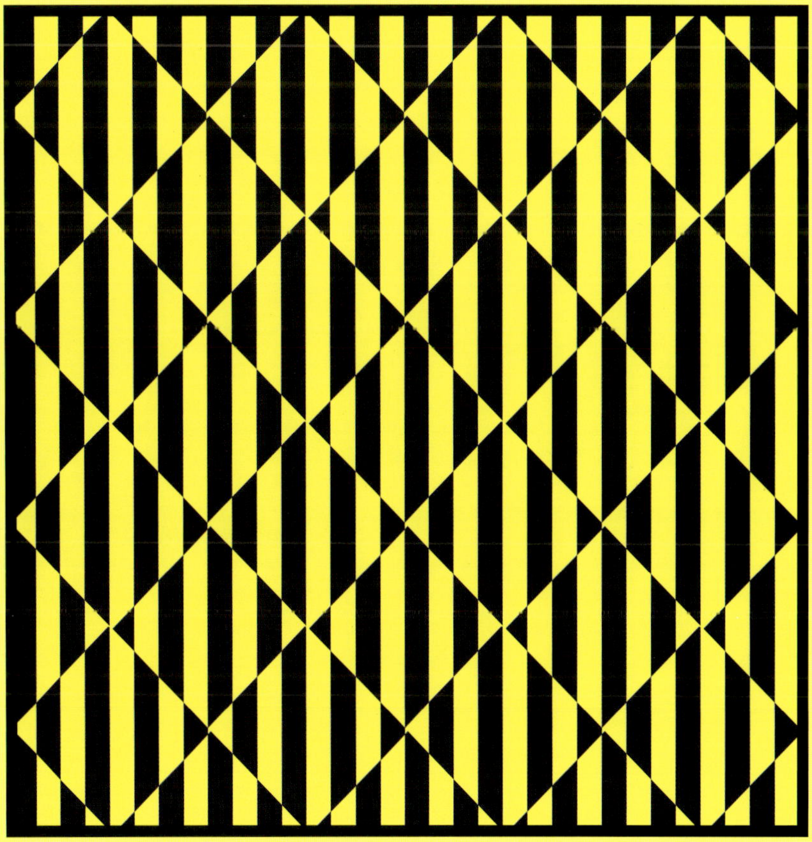

Blicken Sie entspannt auf den verschwommenen Kreis im Bild. Hebt er sich vom Hintergrund ab?

Unser Gehirn wird durch den starken Kontrast zwischen dem gestochen scharfen Hintergrund und dem verschwommenen Vordergrund irritiert. So entsteht der Eindruck zweier getrennter Bildebenen.

Halten Sie das Buch auf Armlänge: Beginnt die Abbildung rechts zu flimmern?

In dieser Abbildung ist keine der beiden Ebenen verschwommen, doch der Farbkontrast ist so hoch, dass man an den Stellen, wo sich die Rauten berühren, ein Flimmern wahrnimmt.

Schlangenlinien

Verschieben sich die blauen Scheiben?

Die Verschiebung findet nicht unbedingt vor Ihren Augen statt, aber im linken Stapel aus blauen Scheiben scheinen diese, im Vergleich zu denen darüber und darunter, jeweils leicht nach links oder rechts verschoben zu sein.

Durch Anlegen der Dekodierhilfe A stellt man fest, dass die Scheiben in einer geraden Linie angeordnet sind.

Bewegen sich die gelben Rechtecke?

Hier können Sie sich als Schlangenbändiger versuchen. Bewegen Sie die Augen entlang der gelben Rechtecke nach oben und unten, und diese beginnen, nach links und rechts zu schwanken.

Der gleiche Effekt entsteht, wenn man das Buch vor- und zurückbewegt. Diese Täuschung funktioniert, weil die kontrastierenden äußeren Farben der Rechtecke unserem Gehirn dreidimensionale Objekte suggerieren und es versucht, diese genau zu lokalisieren.

Aus der **Nähe** betrachtet

Bewegen sich die Ringe, wenn Sie das Zentrum fixieren und näher herangehen?

Das Unbewegliche bewegen

Fixieren Sie das Zentrum der Abbildung und verschieben Sie das Buch nach oben und unten oder nach rechts und links.

Haben Sie den Eindruck, der Kreis würde auf dem Hintergrund schwimmen, wenn Sie das Buch bewegen? Wenn nicht, halten Sie das Buch auf Armlänge vor sich und probieren Sie es nochmals. Drehen Sie das Buch um 90 Grad und wiederholen Sie das Experiment. Jetzt versinkt der Kreis in der Seite.

Das Muster rechts besteht aus runden Kacheln. Aus der Nähe ist nichts Besonderes zu sehen, wenn man das Buch aber weiter weghält, taucht ein verborgenes Quadrat auf.

Beim Vor- und Zurückbewegen des Buchs löst sich das Quadrat vom Hintergrund.

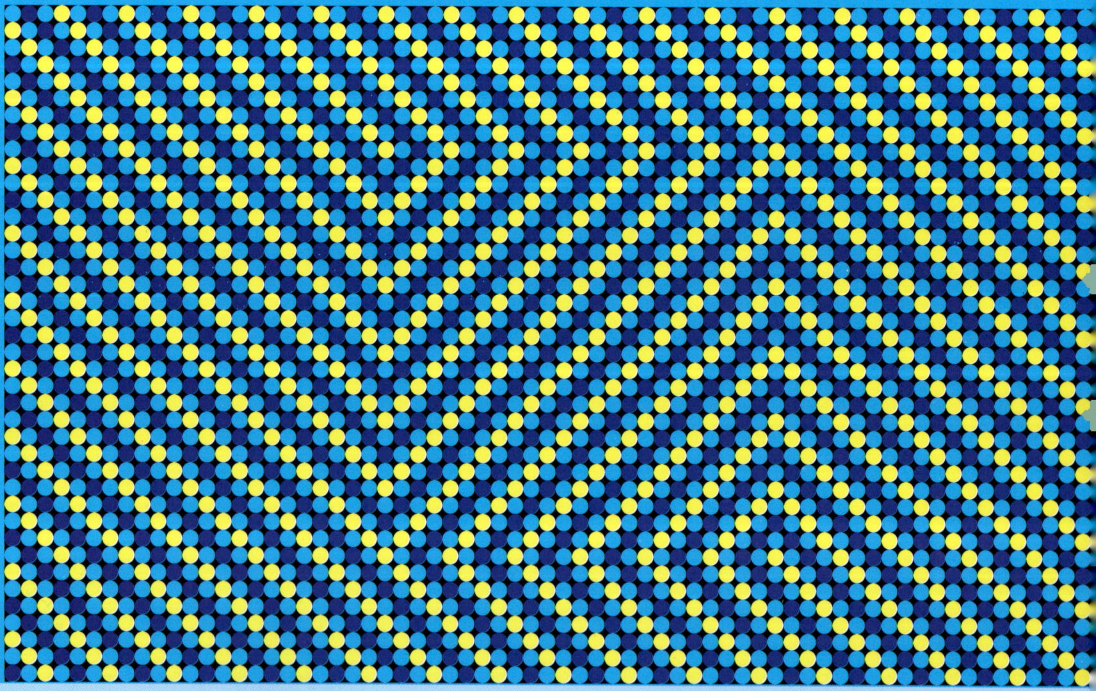

Runde um **Runde**

Fixieren Sie den Punkt im Zentrum und bewegen Sie das Buch auf sich zu.

Die Ringe scheinen sich in entgegengesetzte Richtungen zu drehen, die sich umkehren, wenn das Buch wegbewegt wird. Man kann darin auch einen Stapel rotierender Scheiben sehen.

Ausrichtung als Anhaltspunkt

Welche Figuren sehen Sie links?

Wahrscheinlich haben Sie keine Probleme, diese Quadrate als solche zu erkennen, denn sie sind in einer Reihe angeordnet. Was aber, wenn sie auf eine Ecke gekippt sind, wie diese unten?

Was sehen Sie hier? Es handelt sich offensichtlich um Rhomben, auch wenn sie völlig identisch und in gleicher Weise ausgerichtet sind. Es gibt keinerlei Unterschiede zwischen den Figuren.

Dies zeigt, wie wichtig für unser Gehirn der Kontext bei der visuellen Wahrnehmung ist.

Das winkelförmige Muster rechts ist ein anderes Beispiel dafür, wie das Gehirn aus dem Kontext auf die Ausrichtung schließt. Dies sind einfache, serielle Linien, doch vielleicht erkennen Sie darin problemlos eine Folge von Sitzreihen. Man hat sogar den Eindruck, die Sitzflächen wären anders gefärbt als die Rücklehnen.

Würfel, Würfel, Würfel

Kann ein Würfel sogar als Strichzeichnung dreidimensional wirken?

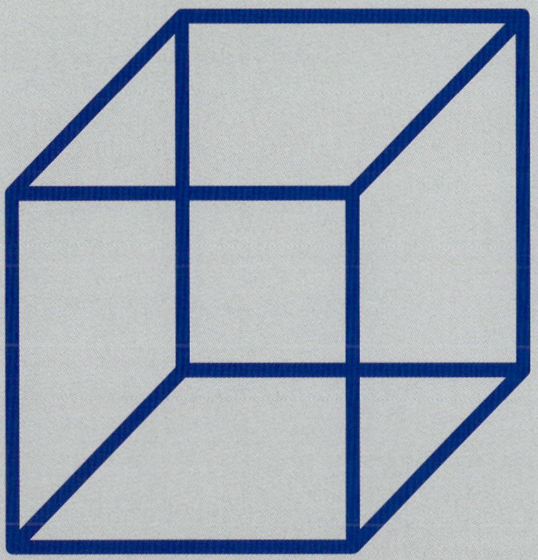

Die einfache Zeichnung oben ist sofort als Würfel erkennbar, selbst wenn Hinweise auf Perspektive wie Schatten, Lichter oder schmaler werdende Linien fehlen. Höchst erstaunlich!

Bei diesen Würfeln ist jedoch nicht eindeutig, in welche Richtung sie zeigen. Weist das Quadrat oben rechts nach oben und rechts, oder zeigt das Quadrat unten links nach unten und links? Nachdem man eine Sichtweise angenommen hat, dauert es eine Weile, bis das Bild in die andere Position „umspringt".

Bei den gefärbten Würfeln sorgt die Schattierung für eine andere Art der Verwirrung. Handelt es sich um Würfel oder blickt man ins Innere eines Raums? Auch hier ist der erste Eindruck nur schwer durch eine alternative Sichtweise zu verdrängen. Unser Gehirn stellt auf der Basis gängiger Lichtsituationen Vermutungen an: Auch wenn diese vier Würfel identisch sind und nur um 90, 180 oder 270 Grad gedreht wurden, sehen Sie manche als Raum und andere als Würfel.

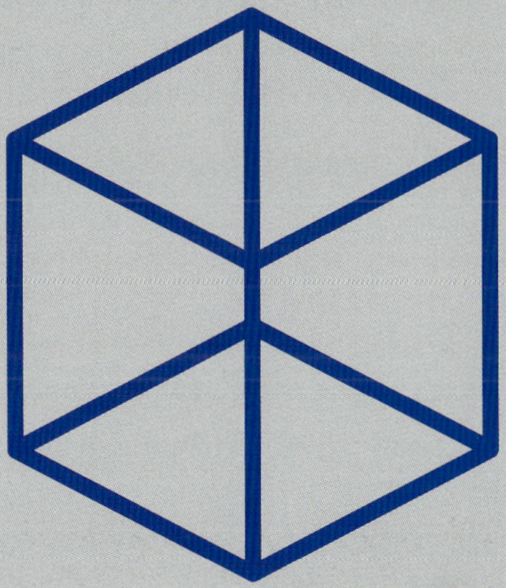

Zur Identifikation eines Würfels sind nur wenige Informationen nötig. Betrachten sie die sechseckige Strichzeichnung links – eindeutig ein Würfel. Selbst das perfekt symmetrische Sechseck rechts wird als Würfel erkannt.

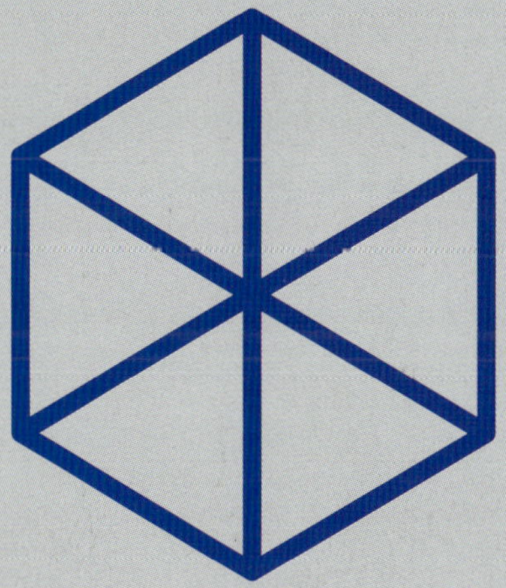

Ansichtssache

In welche Richtung zeigt der Stuhl?

Abhängig davon, wie Sie den Stuhl als Erstes wahrnehmen, erscheint er entweder zur Wand oder zum Raum ausgerichtet. Blicken Sie dann – unabhängig vom ersten Eindruck – auf die rechte Seite der Stuhllehne, bis sie in die andere Position umspringt.

Diese Täuschung funktioniert, weil der Stuhl kaum Schatten wirft und die Querstreben kaum Variationen hinsichtlich der Breite aufweisen, was die Sache eindeutig machen würde. Auch der Schatten an der Wand ist aus dieser Position nicht eindeutig. Die Enden der Lehne wurden in der Höhe angepasst, und die Querstreben so ausgerichtet, dass sie keinen Hinweis auf die Perspektive liefern.

Wo ist oben?

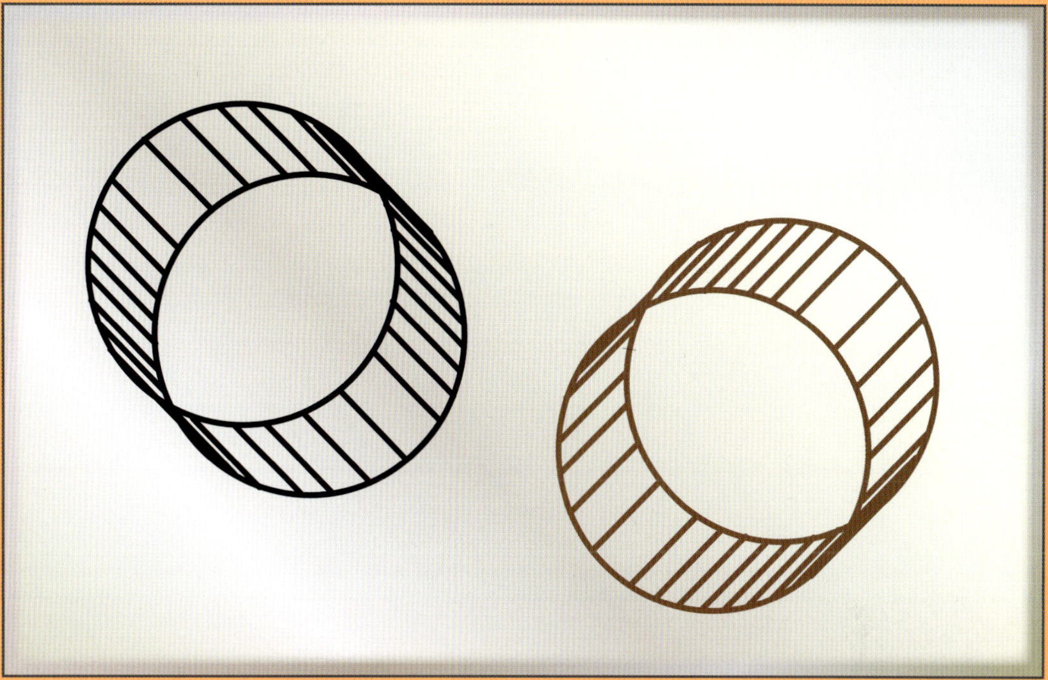

In welche Richtung zeigen die Zylinder?

In dieser Abbildung ändert sich die Ausrichtung der Zylinder, wenn man sie länger betrachtet. Es gibt zwei Möglichkeiten: Der untere Teil scheint entweder innerhalb der Röhre oder außerhalb davon zu liegen. Es kostet etwas Mühe, aus der ursprünglichen Ansicht in die Alternative umzuschalten. Nicht aufgeben!

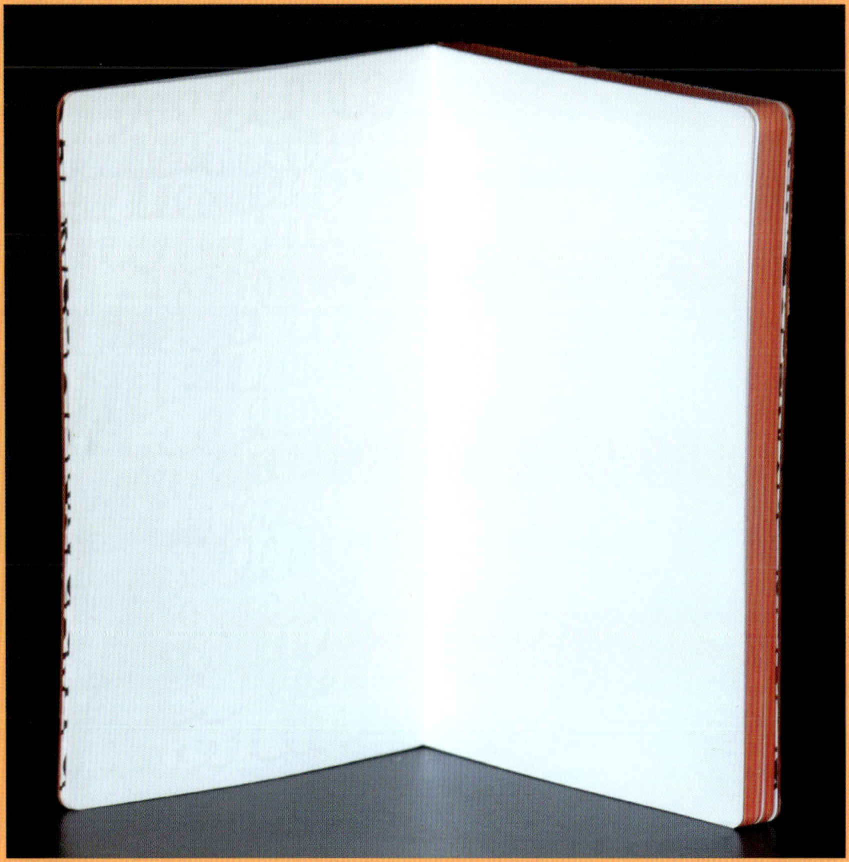

Die Abbildung links ist ebenfalls mehrdeutig, je nachdem was man zuerst wahrnimmt. Sie zeigt entweder die weißen Blätter im Inneren eines Buchs oder ein vom Betrachter weg geöffnetes Buch mit einem weißen Umschlag.

Beide Sichtweisen sind berechtigt. Auch hier gilt, dass der erste Eindruck sich festsetzt, und das Gehirn nur durch Anstrengung die Alternative wahrnimmt.

Das funktioniert sogar mit der rein schematischen Darstellung unten.

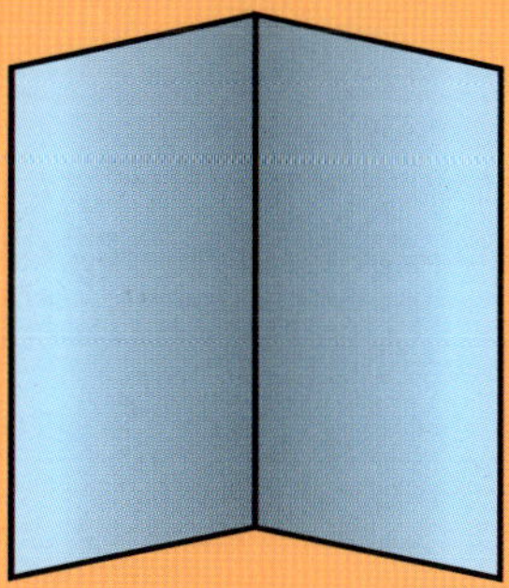

Macht der **Schatten**

Welcher Löffel zeigt nach oben? Welche Kugel schwebt höher über dem Blatt?

Viele unserer Vermutungen basieren auf dem Einstrahlungswinkel von Sonne oder elektrischem Licht, was aber nicht immer zu präzisen Resultaten führt. Nehmen wir den Löffel im linken Bild: Zeigt die Wölbung nach vorne oder nach hinten? Und das rechte Foto: Es ist fast identisch, lediglich die Schale wurde per Bildbearbeitung um 180 Grad gedreht. Verändert das Ihre Wahrnehmung?

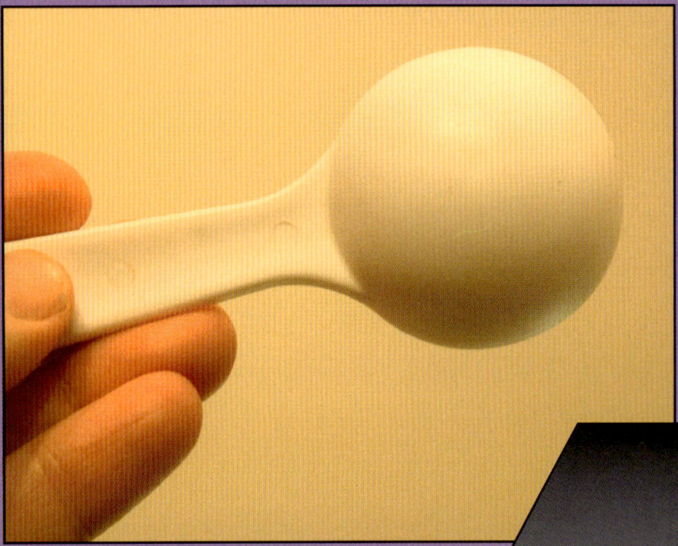

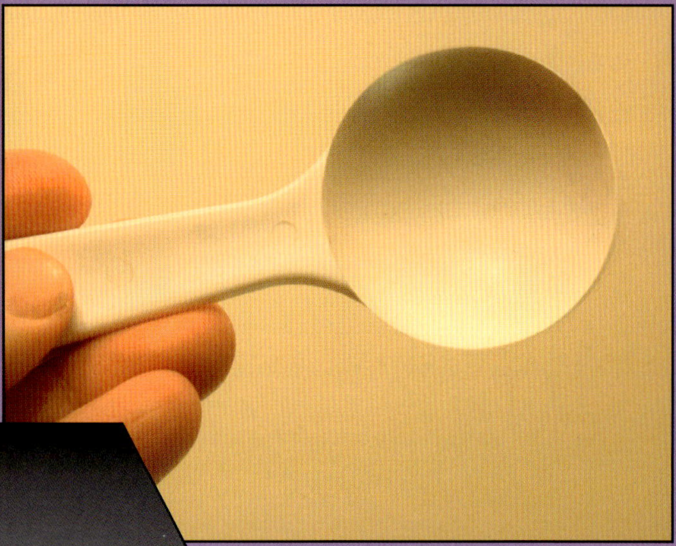

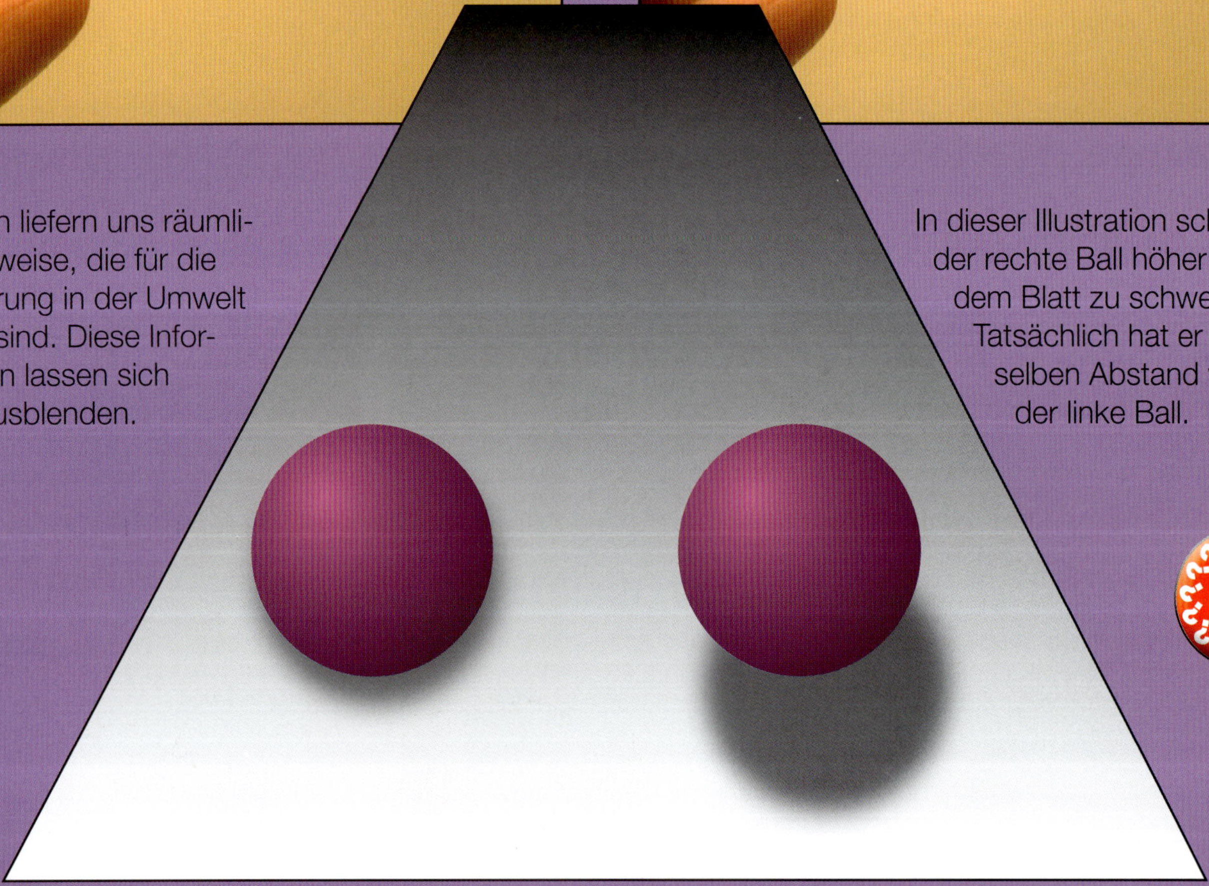

Schatten liefern uns räumliche Hinweise, die für die Orientierung in der Umwelt wichtig sind. Diese Informationen lassen sich kaum ausblenden.

In dieser Illustration scheint der rechte Ball höher über dem Blatt zu schweben. Tatsächlich hat er denselben Abstand wie der linke Ball.

Visuelle *Konfusion*

Entdecken Sie den Stern in dem Liniennetz?

Trotz seiner Fähigkeiten bei der Erkennung von Mustern, lässt sich unser Gehirn schon durch einfache Camouflage nachhaltig verwirren. Nehmen wir beispielsweise den Stern rechts. Eher unwahrscheinlich, dass er nur durch einige wenige zusätzliche Linien getarnt werden kann. Betrachten Sie nun die Illustration unten auf dieser Seite.

In dieser Abbildung verbirgt sich ein Stern, der was die Form, aber nicht unbedingt Größe und Ausrichtung anbelangt, identisch mit dem roten Stern rechts ist. Können Sie ihn entdecken?

Es ist wirklich schwer! Notfalls finden Sie die Lösung auf Seite 96.

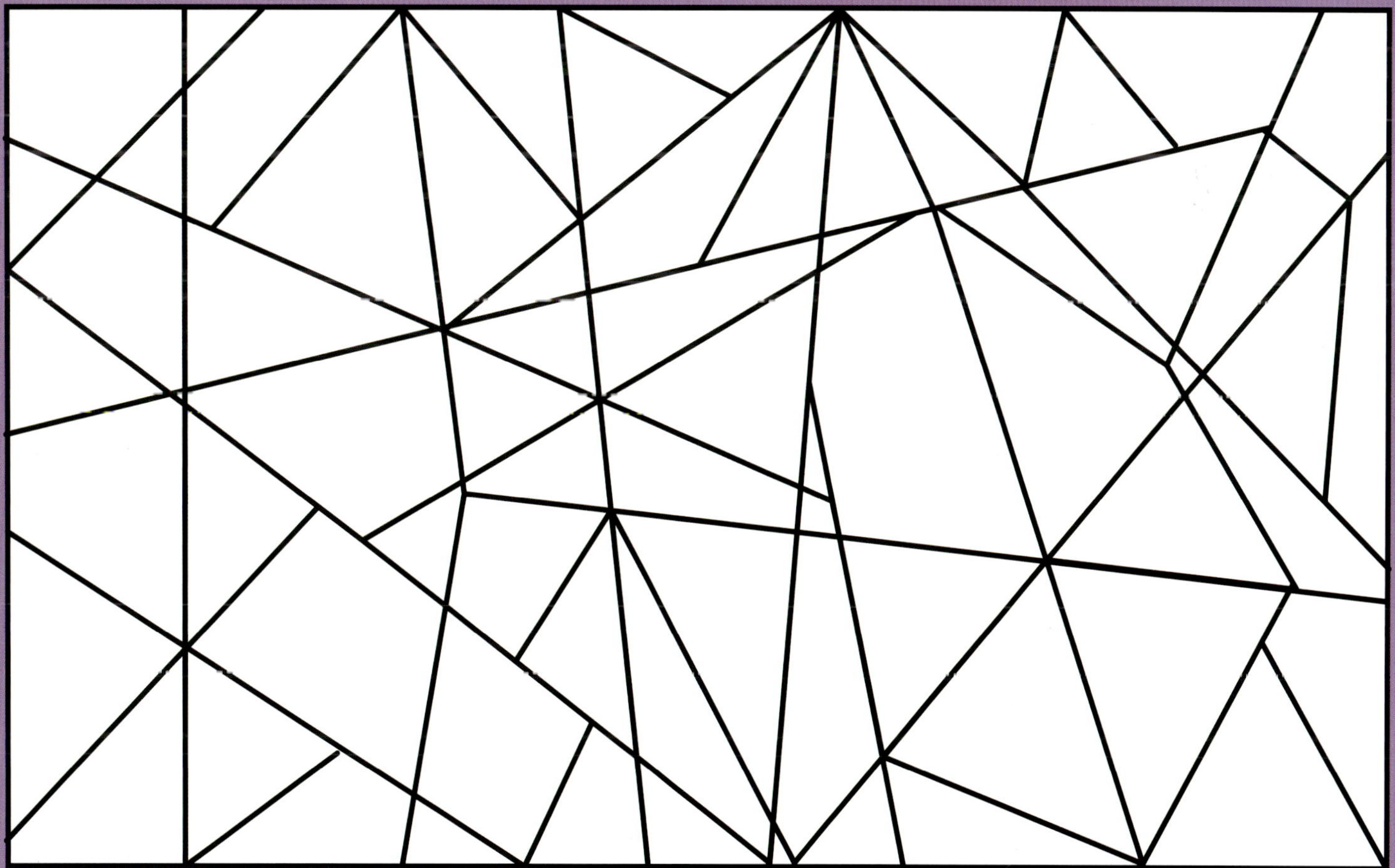

Unmögliche Objekte

Was stimmt bei diesen Bildern nicht?

Für das Gehirn ist der Kontext ein Schlüsselelement zur Erkennung von Objekten, von Wichtigem und Unwichtigem. Manchmal lässt es sich dadurch aber täuschen.

Schauen Sie konzentriert auf eine der drei Ecken der grünen Dreiecksfigur. Beim Blick auf lediglich einen eingeschränkten Bereich erscheint es möglich, dass solch ein Objekt existiert. Mit etwas Abstand und dem Blick auf das gesamte Bild wird klar, dass eine solche Figur nicht zu realisieren ist.

Im lokalen Kontext ist die Abbildung stimmig, man muss sich deshalb erst bewusst machen, dass diese Figur insgesamt unmöglich ist.

Sehen Sie sich nun das blaue Rechteck an. Durch seine Breite fällt es schwerer, beide Seiten in Zusammenhang zu bringen. Die Figur sieht fast so aus, als könnte sie real sein. Vielleicht ersetzen Sie damit einen Briefkastenschlitz? Der Postbote wird verwirrt sein!

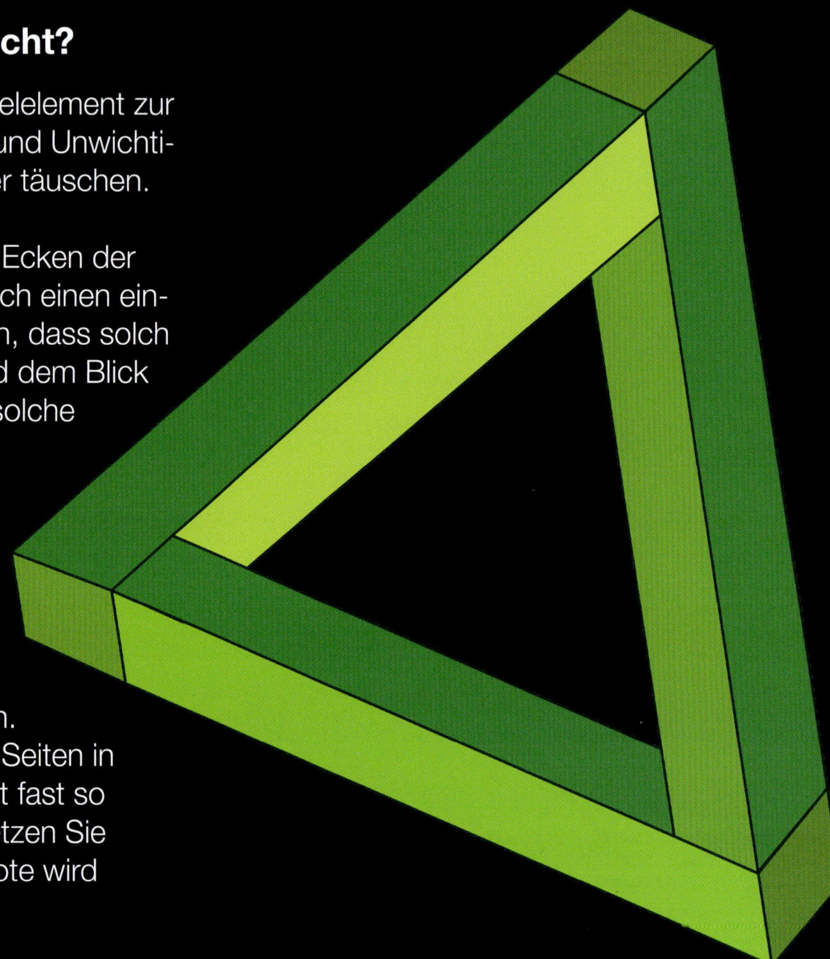

Unmögliche *Konstellationen*

Was stimmt bei diesen Figuren nicht?

Man kann sehr konkrete Objekte zu unmöglichen Konstellationen zusammenfügen – zumindest, wenn man sie zeichnet und nicht versucht, real nachzubauen.

Wie sie merken, lässt sich keines der Gebilde auf dieser Seite tatsächlich nachbauen. Sie beruhen zwar alle auf Würfeln, doch mit echten Würfeln sind sie nicht zu realisieren.

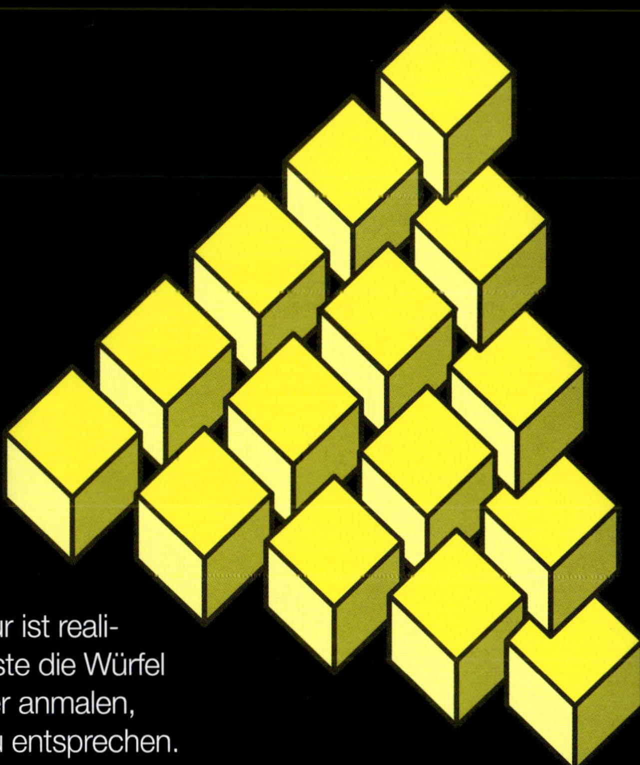

Die orangene Figur ist realisierbar. Man müsste die Würfel links unten dunkler anmalen, um der Vorlage zu entsprechen.

Aufgestapelt

Können Sie dieses Foto mit nur zwölf Würfeln nachstellen?

Spontan lautet die Antwort: nein. Diese Anordnung ist unmöglich, denn die Würfel ganz oben links und rechts schweben in der Luft.

Tatsächlich lassen sich Würfel so anordnen, dass ein Foto wie dieses möglich ist. Die beiden „speziellen" Würfel platziert man etwas hinter dem Würfelstapel und fotografiert das Arrangement aus einem sorgfältig ausgewählten Aufnahmewinkel.

Das Bild anpassen

Können Sie diese Punkte zu einem Quadrat verbinden?

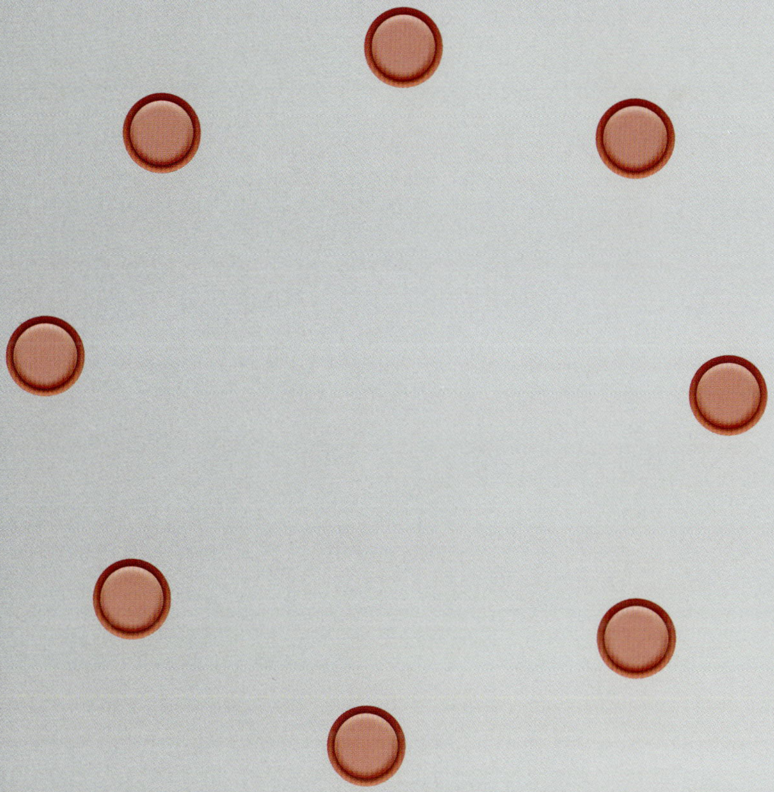

Die roten Punkte links scheinen willkürlich in einer annähernden Kreisform angeordnet zu sein. Aber sie liegen gleichzeitig auch alle auf dem Umriss eines Quadrats.

Können Sie ein Quadrat so einzeichnen, dass dessen Außenkante durch alle roten Punkte verläuft?

Unmöglich? Keinesfalls! Die Lösung ist nicht so schwierig. Vielleicht erfordert sie einige Momente des Nachdenkens, dann ist die Sache klar.

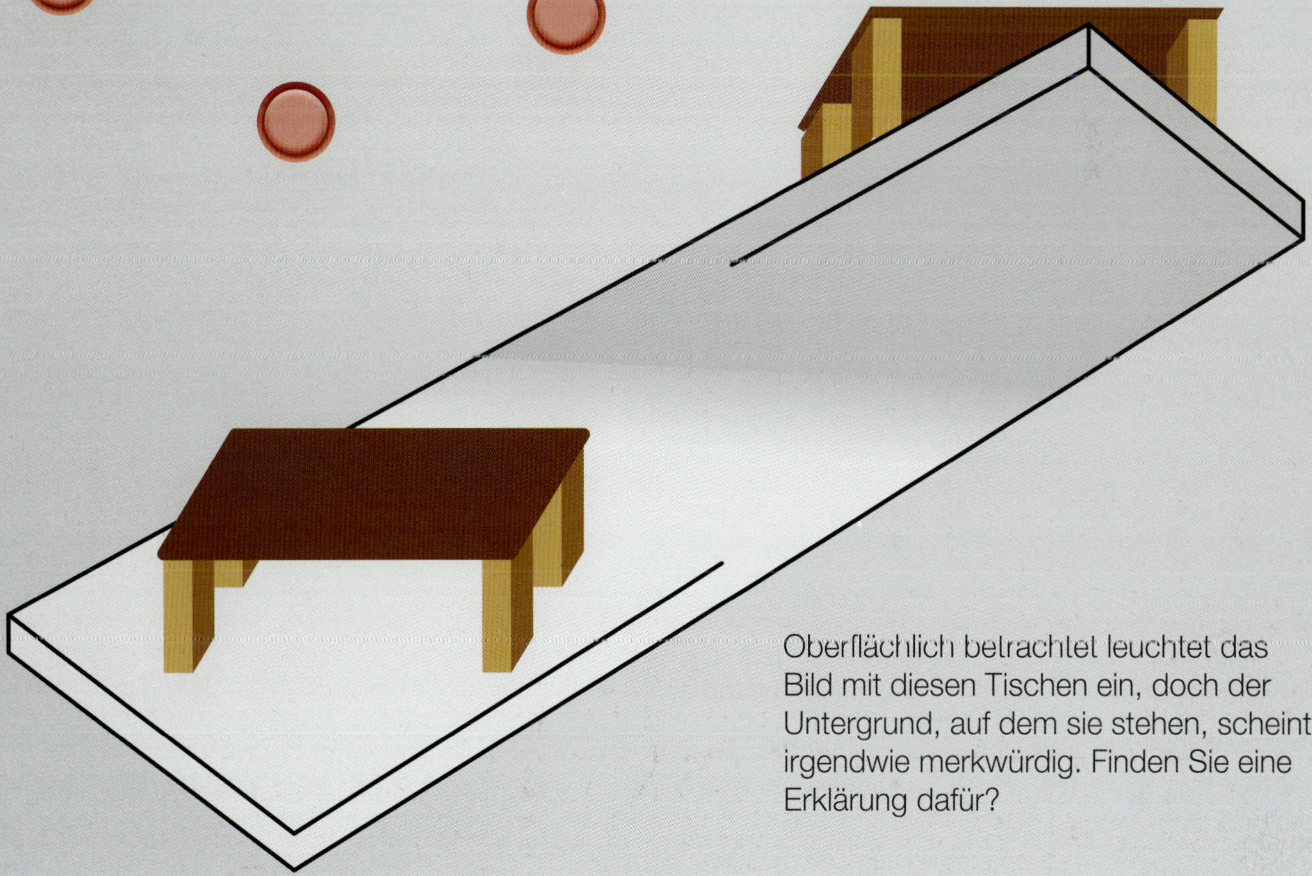

Oberflächlich betrachtet leuchtet das Bild mit diesen Tischen ein, doch der Untergrund, auf dem sie stehen, scheint irgendwie merkwürdig. Finden Sie eine Erklärung dafür?

Gut/schlecht für die Augen

Sehen Sie auch einen idyllischen Sonnenuntergang?

Sobald ein Objekt in etwa dem entspricht, was sich unser Gehirn davon erwartet, wird es als „erfolgreich erkannt" abgehakt, und das Gehirn widmet sich anderen Aufgaben.

Vermutlich haben Sie schnell bemerkt, dass die Sonne in diesem Bild durch eine Karottenscheibe ersetzt wurde. Aber haben Sie gleich daran gedacht, als Sie die Seite aufgeschlagen haben? Wahrscheinlich brauchten Sie einen Moment, um das zu erkennen. In die Sonne zu starren ist nicht gut für Ihre Augen, Karotten dagegen stärken die Augen.

Gesundes Gemüse

Haben Sie schon mal Mutantengemüse gesehen?

Nach der Lektüre der vorherigen Seite sind Sie darauf vorbereitet, auf Ungewöhnliches zu achten. Selbst dann wirken die Bäume auf dieser Abbildung so stimmig, dass Sie bei einem ersten flüchtigen Blick nicht gleich daran denken, nach Mutantengemüse zu suchen, sondern eine idyllische Uferlandschaft wahrnehmen.

Der Brokkoli erinnert an Bäume. Hat man ihn aber erst einmal als Brokkoli identifiziert, bleibt der Eindruck haften. Man verwechselt ihn kein zweites Mal mit einem Baum.

Verdrehte Bilder

Dieser mürrische Mann hat eine Besonderheit. Bringen Sie ihn zum Lachen!

Die Lücken zwischen den nach links zeigenden weißen Pfeilen erzeugen den Eindruck von nach rechts zeigenden schwarzen Pfeilen (und auf der nächsten Seite genau umgekehrt). Genauso hat dieser Mann ein zweites, ganz anderes Gesicht.

Drehen Sie das Buch auf den Kopf, und der mürrische Mann wird viel freundlicher. Sein Bart wird zum Kopfhaar und seine Augenbrauen zu einem Schnurrbart.

Selbst einfachste Zeichnungen können sich verändern. Ein Beispiel ist der freche Kerl unten. Drehen Sie ihn auf den Kopf und er wird zu einem niedlichen Kind mit Baseballkappe. Versuchen Sie, selbst ein Drehbild zu zeichnen.

Verdrehte **Bilder**

Können Sie diese Hügel, auf denen Schafe weiden, in Berge verwandeln?

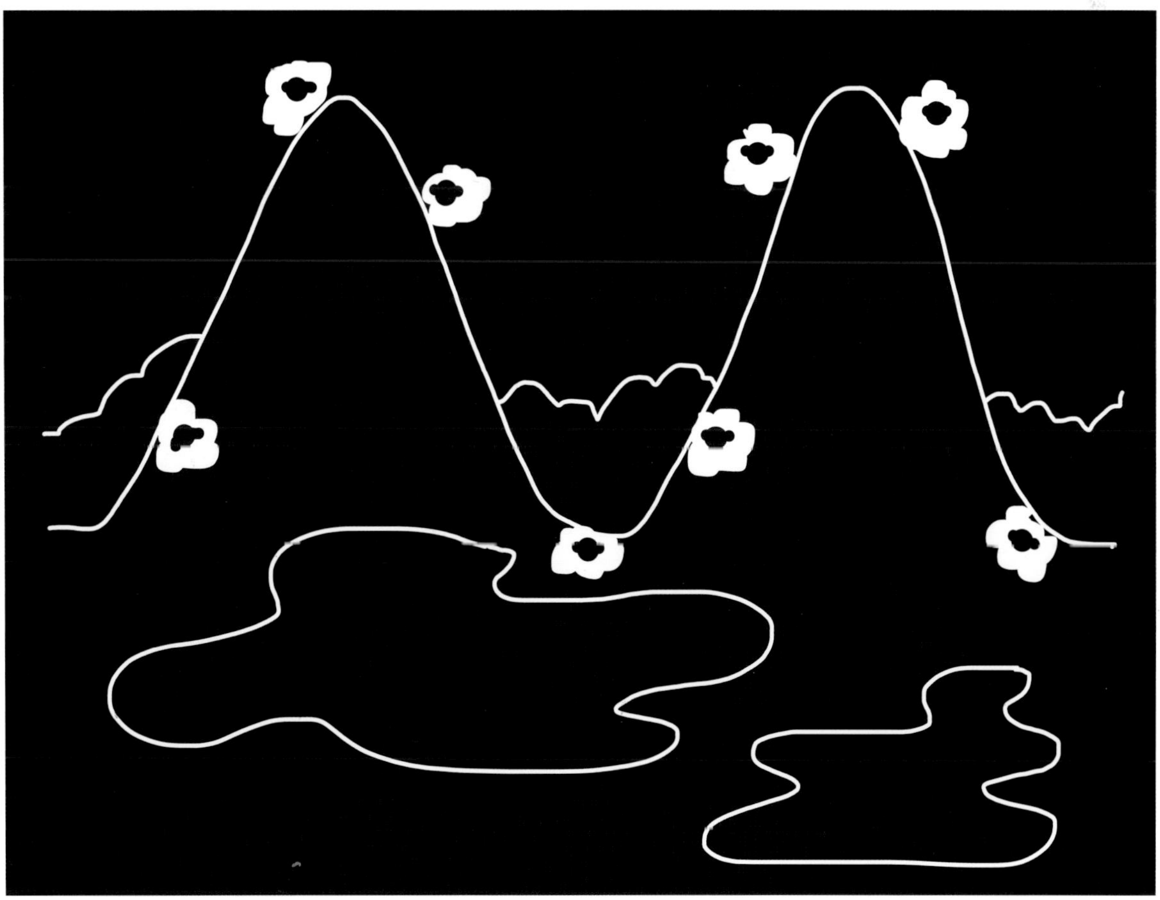

Drehen Sie das Buch auf den Kopf, und aus den Tälern werden schneebedeckte Gipfel, aus den Teichen in der Ebene flauschige Wolken. Doch die Schafe grasen noch immer glücklich und zufrieden.

Zwei zu einem Preis

Diese Eule verbirgt ein Geheimnis. Können Sie es herausfinden?

Drehen Sie diese Seite einfach um 90 Grad, und der Eule gelingt etwas, was kein anderes Tier kann.

Sie verwandelt sich in einen Fisch.

In der unteren Abbildung, stehen Reihen von Weingläsern in einem Regal, aber leider kein Wein. Oder etwa doch? Vielleicht ist ja Wein in den grünen Flaschen im Regal? So oder so, die Lücken zwischen den Gläsern bzw. den Flaschen vermitteln augenfällig den Eindruck des jeweils anderen Gegenstands.

Ent- gegen

Sehen Sie eine Vase oder zwei Gesichter?

Fest im Blick

Bewegen Sie das Buch vor sich hin und her. Verfolgen Sie die Augen?

Egal wie Sie das Buch halten, die Augen auf dem Foto folgen Ihnen immer. Das ist so, weil wir gerade nach vorn schauende Augen immer so interpretieren, als würden sie uns direkt ansehen. Selbst wenn wir wissen, dass diese Person uns tatsächlich nicht ansieht, dominiert diese automatische Wahrnehmung.

Unser optischer Wahrnehmungsprozess ist so mächtig, dass ein Gesicht selbst bei schielender Augenstellung mit nach innen (Abbildung links) oder nach außen gerückten Pupillen (rechts) nach vorne zu blicken scheint. Solange die Augen symmetrisch um die Nase angeordnet sind, ist für unsere Wahrnehmung keine andere Erklärung vorstellbar.

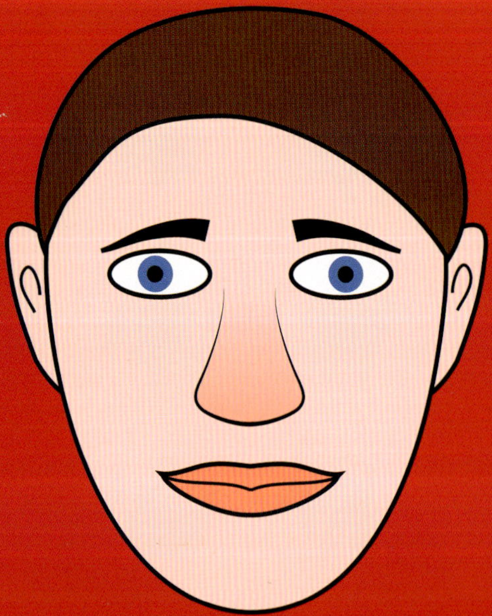

Eine Frage des Fokus'

Ist dieses Gesicht zornig oder friedlich?

Hält man das Buch dicht vor sich, sieht man ein friedliches Gesicht. Mit mehr Abstand, wirkt es zornig.

Wie ist das möglich? Es gibt zwei Gesichter, wobei das eine das andere überlagert, aber unscharf ist. Wenn Sie den Abstand zur Abbildung vergrößern, tritt das obere, unscharfe Foto stärker hervor. Das untere, schärfere Foto wird nun teilweise verdeckt.

*Gegen*überstellung

Sie sehen uns überall an. Wie viele Gesichter können Sie entdecken?

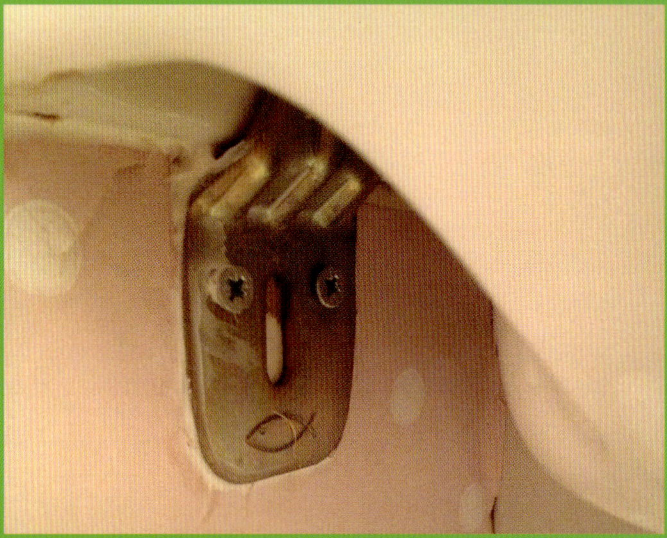

Hinter einer frechen Satellitenschüssel und einer Waschbeckenaufhängung scheinen sich Gesichter zu verbergen. Auch der Korkenzieher und der Reißverschluss scheinen zu leben.

Wenn man anfängt, nach Gesichtern Ausschau zu halten, entdeckt man sie auf einmal überall.

Auge am Himmel

Schaut mich dieses Dach tatsächlich an?

Unser Gehirn ist so gut darin, Gesichter zu entdecken, dass es fast unmöglich ist, die Rußspuren auf dem Dach nicht als riesiges Auge zu interpretieren, das uns anstarrt. Auch ohne weitere Elemente eines Gesichts ist die Wirkung beeindruckend.

Schattengesicht

Schatten oder Nase?

Seit Menschen erstmals zum Himmel aufblickten und dort den Mann im Mond oder Jäger sahen, die zwischen den Sternen tanzten, hat sich unsere Fähigkeit, Gesichter an den ungewöhnlichsten Stellen zu entdecken, immer wieder gezeigt.

Wir erkennen selbst in Situationen, in denen nach unserem Wissen ein menschliches Gesicht nicht vorkommen kann, eben solche Gesichter klar und deutlich.

Und wir schreiben ihnen sogar Charaktere zu und treffen auch Schlussfolgerungen wie bei realen Gesichtern.

Unser Gesicht erzählt viel über uns selbst. Ein Teil davon lässt sich kontrollieren, ein anderer nicht. Wenn Sie wie das Haus links dreinschauen würden, wären Sie reichlich komisch.

Bei dem passenden Sonnenstand offenbart sich dieses verborgene Gesicht der Welt.

Gesichter in der Natur

Felsen mit prägnanten Gesichtern

Können Sie die Gesichter sehen, die sich in den Felsformationen der *Remarkable Rocks* auf *Kangaroo Island* in Australien formen?

Die Natur zeigt uns oft die erstaunlichsten Dinge – wir müssen nur hinsehen.

Gesichtszüge

Erscheint Ihnen die auf dem Kopf stehende Version irgendwie ungewöhnlich?

Das Bild eines Manns wird hier zweimal präsentiert: Links ist das Foto normal ausgerichtet, rechts zeigt es mit dem Kopf nach unten. Vielleicht können Sie nicht mit Sicherheit sagen, ob beide Bilder identisch sind, aber Sie stimmen wohl zu, dass beide normale Aufnahmen eines menschlichen Gesichts zu sein scheinen. Stimmt das?

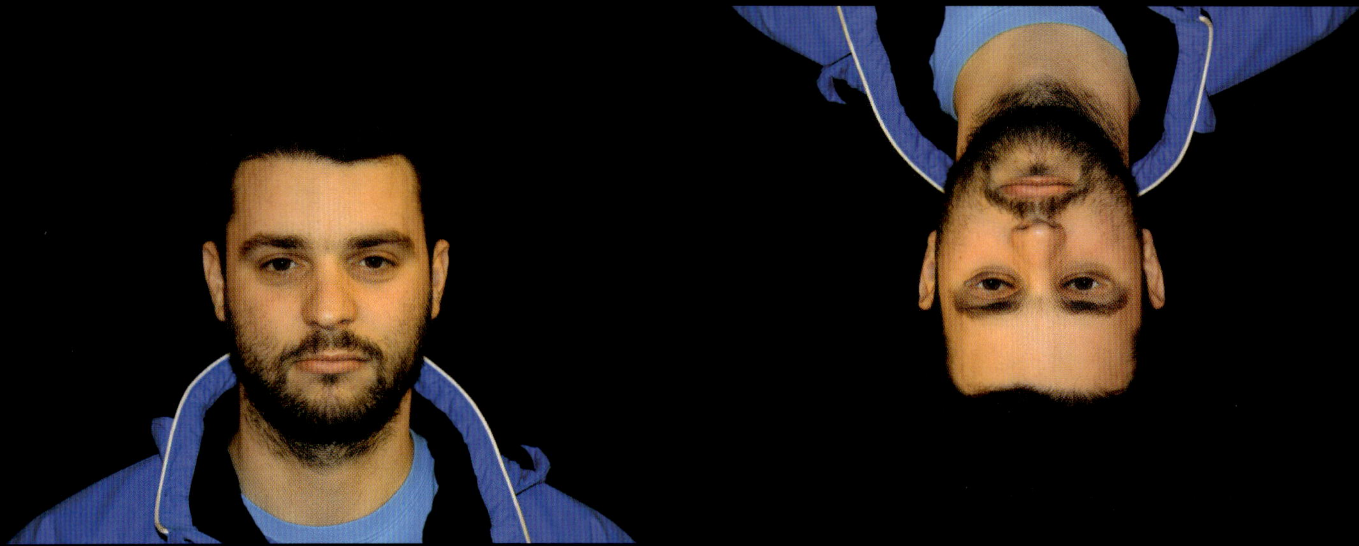

Oberflächlich scheinen beide Fotos korrekt zu sein. Wir erkennen in beiden, normale menschliche Gesichter. Gewöhnlich hängen Menschen nicht Kopf über von der Decke, weshalb uns diese Perspektive weniger vertraut ist. Wir sind aber sehr gut darin, typische Gesichtsmerkmale zu identifizieren, wie die Fotos auf den vorhergehenden Seiten demonstriert haben.

Drehen Sie das Buch herum, um das Kopf stehende Bild aus dem richtigen Winkel zu betrachten. Die überraschenden Unterschiede fallen sofort auf: Dies ist keinesfalls ein normales menschliches Gesicht! Die Augen und der Mund sind umgekehrt angeordnet, was bei der korrekten Ausrichtung sofort auffällt. Zurück in die Normalposition gedreht, wirkt das Gesicht dann wieder völlig unauffällig.

Visuelle Vermutungen

Welches dieser Gesichter ist maskuliner?

Beide Bilder beruhen auf einem identischen Originalfoto. Unser Gehirn nutzt Informationen wie die Helligkeit von Gesichtern für schnelle Zuordnungen etwa hinsichtlich des Geschlechts. Kontrastunterschiede zwischen Gesichtspartien sind nur einer der Hinweise, die wir automatisch und unbewusst verarbeiten. Die Veränderung des Kontrasts kann, wie hier, die Geschlechtszuordnung beeinflussen.

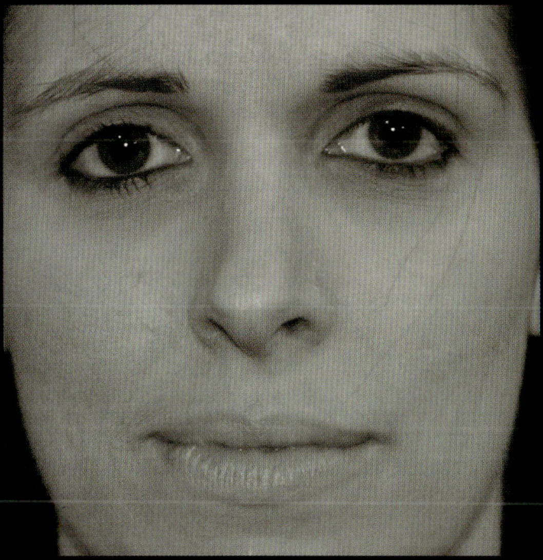

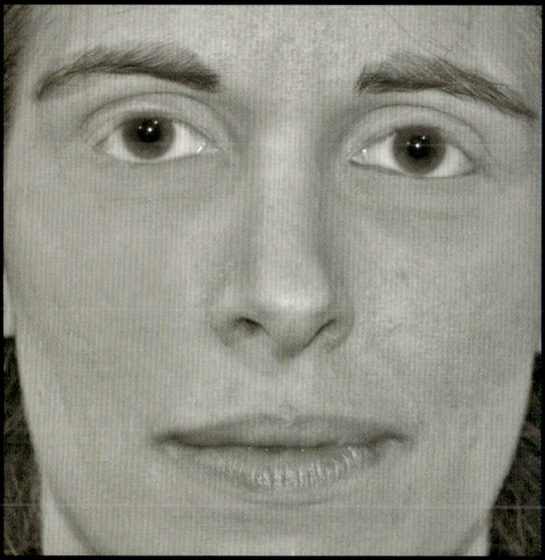

Trägt der Empfangschef tatsächlich Shorts?

Unser Gehirn ist sehr gut darin, Schlussfolgerungen zu ziehen, was uns die Orientierung im Alltag wesentlich erleichtert. Das Gehirn verknüpft dabei besonders gerne Objekte, die in einer direkten Linie zueinander angeordnet sind.

Bei diesem Bild sind wir vermutlich zunächst überrascht, dass der Mann mit Anzugjacke hinter dem Schalter Shorts trägt. Tatsächlich spiegeln sich aber die Beine des Gastes im verspiegelten Unterteil des Tresens.

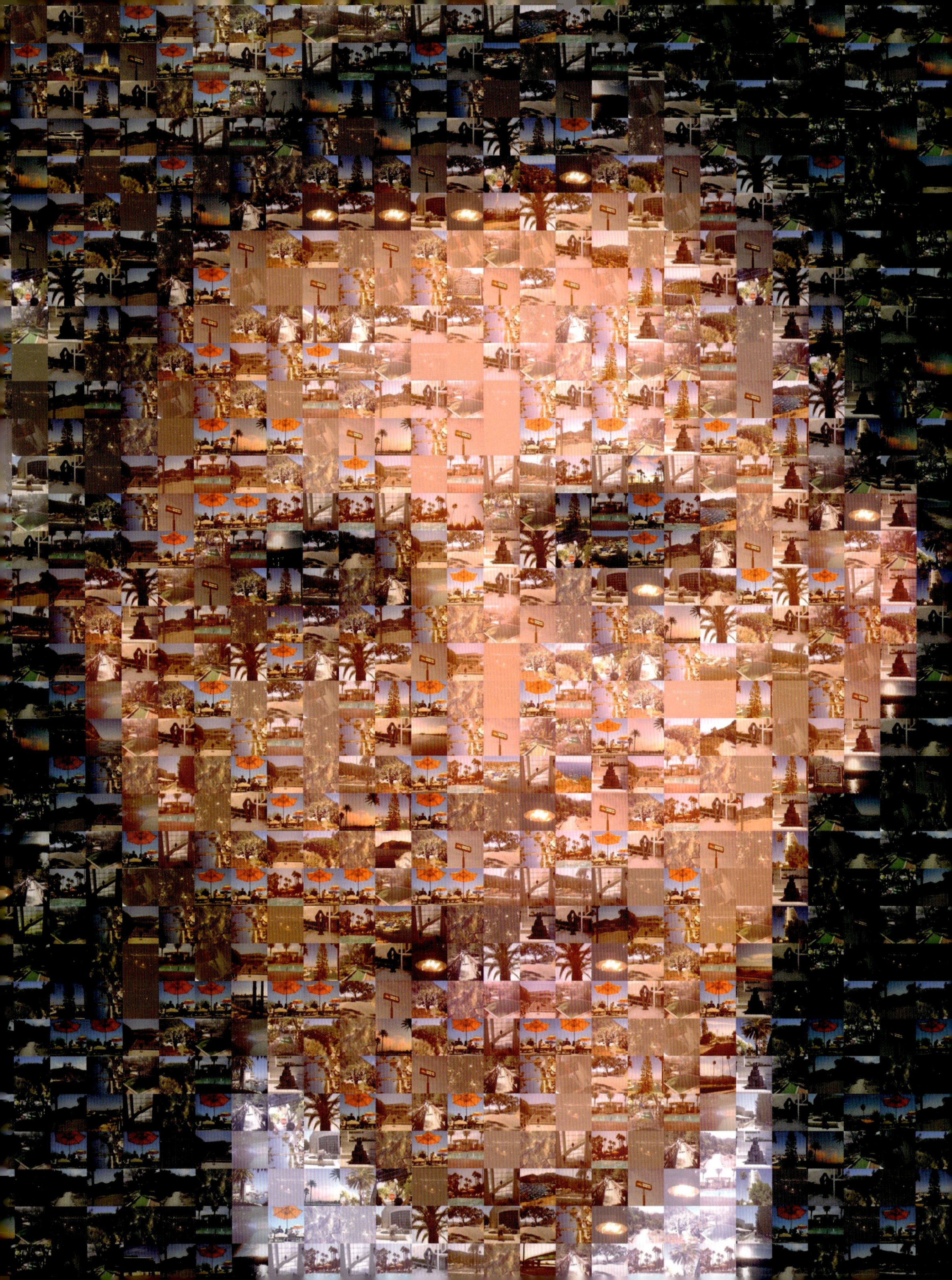

Mitgezählt?

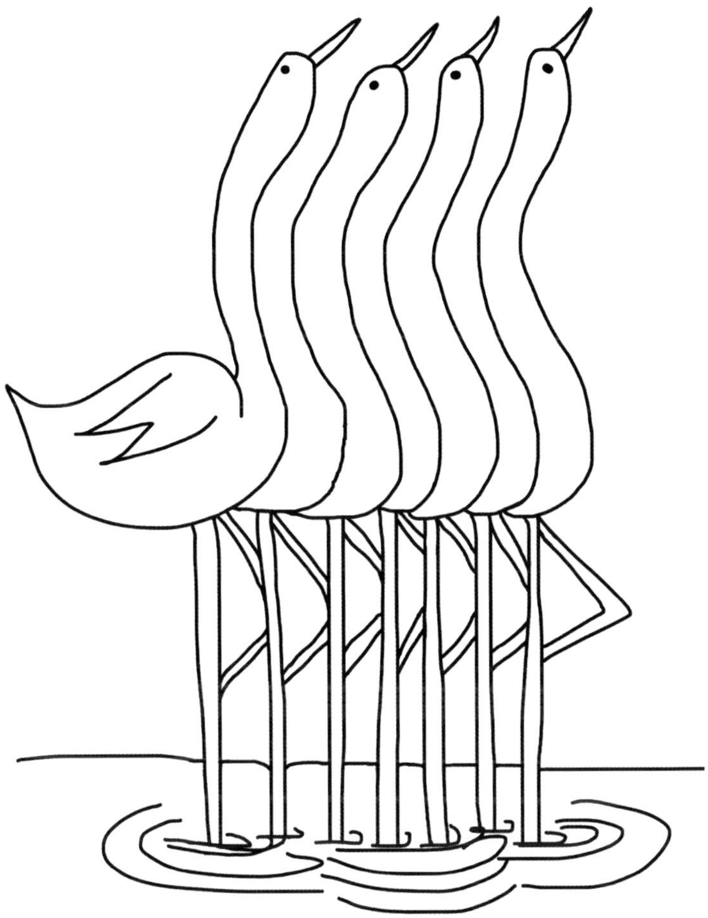

Wie viele Vögel sind hier abgebildet?

Schauen Sie auf die obere Hälfte des linken Bilds: Sie sehen vier Flamingos mit stolz erhobenen Köpfen. Blicken Sie auf den unteren Bildteil, sind auf einmal sieben Vögel da.

Wo kommen die drei zusätzlichen Vögel her?

Schauen Sie nun auf die obere Hälfte des unteren Bilds. Hier sehen Sie vier vergnügte Strauße. Beim Blick auf die untere Bildhälfte entdecken Sie plötzlich einen Betrüger. Ein weiterer Vogel hat sich unter die Gruppe gemogelt. Jede Bildhälfte ist für sich komplett stimmig, weshalb man bei einem flüchtigen Blick leicht übersieht, dass beide Hälften nicht zusammenpassen.

Wer ist das?

Erkennen sie diese Person?

Wenn Sie die gegenüberliegende Seite dicht an die Augen halten, sehen Sie winzige Fotos von Kalifornien. Darüber erkennen Sie vielleicht das schemenhafte Bild eines Gesichts.

Legen Sie das Buch hin und betrachten Sie es aus einigen Schritten Abstand. Nun ist deutlich ein bekanntes Gesicht zu erkennen.

Graustufen

Sind die beiden grauen Streifen von oben bis unten einheitlich gefärbt?

Sehen Sie sich die beiden, mit Pfeilen markierten Streifen, genau an. Sie zeigen offenbar einen Übergang von dunklem zu hellem Grau, sind tatsächlich aber einheitlich gefärbt. Umgebende Farben und Tönungen haben großen Einfluss auf unsere Farbwahrnehmung.

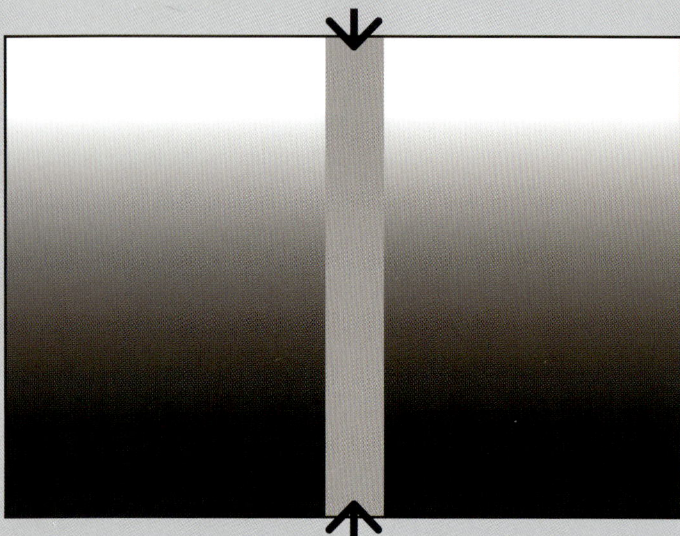

Folgen Sie im Bild unten, vom roten Pfeil rechts, dem Verlauf des Rechtecks bis zum anderen roten Pfeil. Haben die mit Pfeilen markierten Abschnitte unterschiedliche Grauwerte? Dekodierhilfe D hilft bei der Lösung.

Strahlende Lichter

Kann etwas weißer als weiß sein?

In der Abbildung rechts scheint die jeweils linke Kante der dunklen Quadrate heller zu sein als der Hintergrund. Wie Dekodierhilfe B beweist, handelt es sich um dieselben Weißnuancen.

B

Unser Gehirn interpretiert die Schattierung als Licht, das auf eine Säule oder Oberfläche fällt und folgert, dass dieser Teil sehr hell sein muss, um derart zu leuchten.

Der Effekt lässt sich steigern, wenn wir dem Gehirn viele Hinweise dafür liefern, dass eine große Lichtmenge auf eine Oberfläche trifft. Bei den unteren Abbildungen scheint links oben das Weiß im Zentrum der beiden Kreuze viel heller zu strahlen als der Hintergrund. Mit Dekodierhilfe B können Sie aufdecken, dass es sich dabei um eine Täuschung handelt.

Wie die Abbildung oben rechts zeigt, stellt sich bei schwarzem Hintergrund kein gegenteiliger Effekt ein. Die grauen Bereiche um die Mittelpunkte der Kreuze lassen das Schwarz sogar noch etwas heller, aber nicht dunkler erscheinen.

B

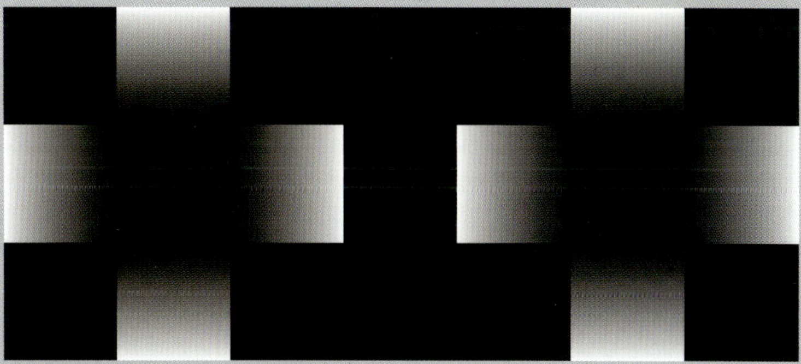

Die Einfassung der Figuren mit Linien macht dem Gehirn deutlich, wo die Kanten verlaufen. Der Strahlungseffekt wird so deutlich reduziert, wie die unteren Bilder zeigen.

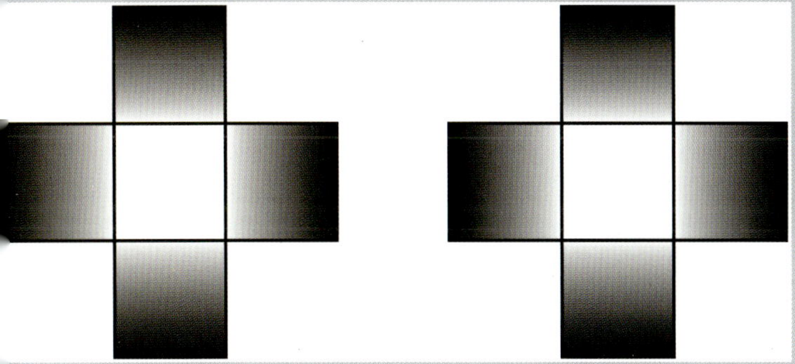

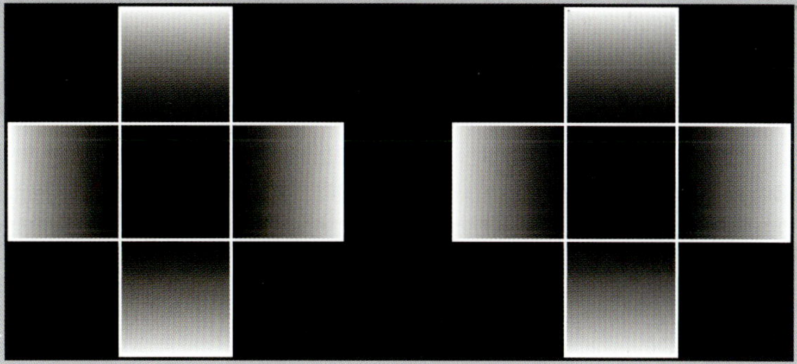

Einfärbung

Haben die Punkte verschiedene Grautöne?

Zeichnet man wie in der Abbildung unten links helle oder dunkle Linien über eine Hintergrundfarbe, überrascht es kaum, dass dies unsere Wahrnehmung der Grundfarbe beeinflusst. In diesem Fall erscheint das Quadrat im Zentrum in einem leicht helleren Blau als der Hintergrund. Das Geheimnis dieses Tricks offenbart sich, wenn Sie weit genug zurücktreten: Die Farben scheinen sich zu zwei ganz verschiedenen Blaunuancen zu vermischen.

Die Illusion rechts ist ganz anders. Dort tauchen zwei unterschiedliche Grautöne auf, die sich jeweils von Reihe zu Reihe abwechseln. Dekodierhilfe B enthüllt, dass alle Punkte die gleiche Farbe haben, und die umgebenden Farben unsere Wahrnehmung beeinflussen.

Farbbeeinflussung

Sehen Sie die drei Schattierungen von Blau, Gelb, Grün und Rot?

Im Bild unten scheint jede Farbgruppe aus drei verschiedenen Farbabstufungen zu bestehen.

Wenn Sie die einzelnen Farbstreifen bis zum unteren Rand verfolgen, wird deutlich, dass jede Farbe nur in einer einzigen Abstufung vorhanden ist. Dies beweist, dass die dazwischen verlaufenden schwarzen und weißen Balken diese Illusion hervorrufen.

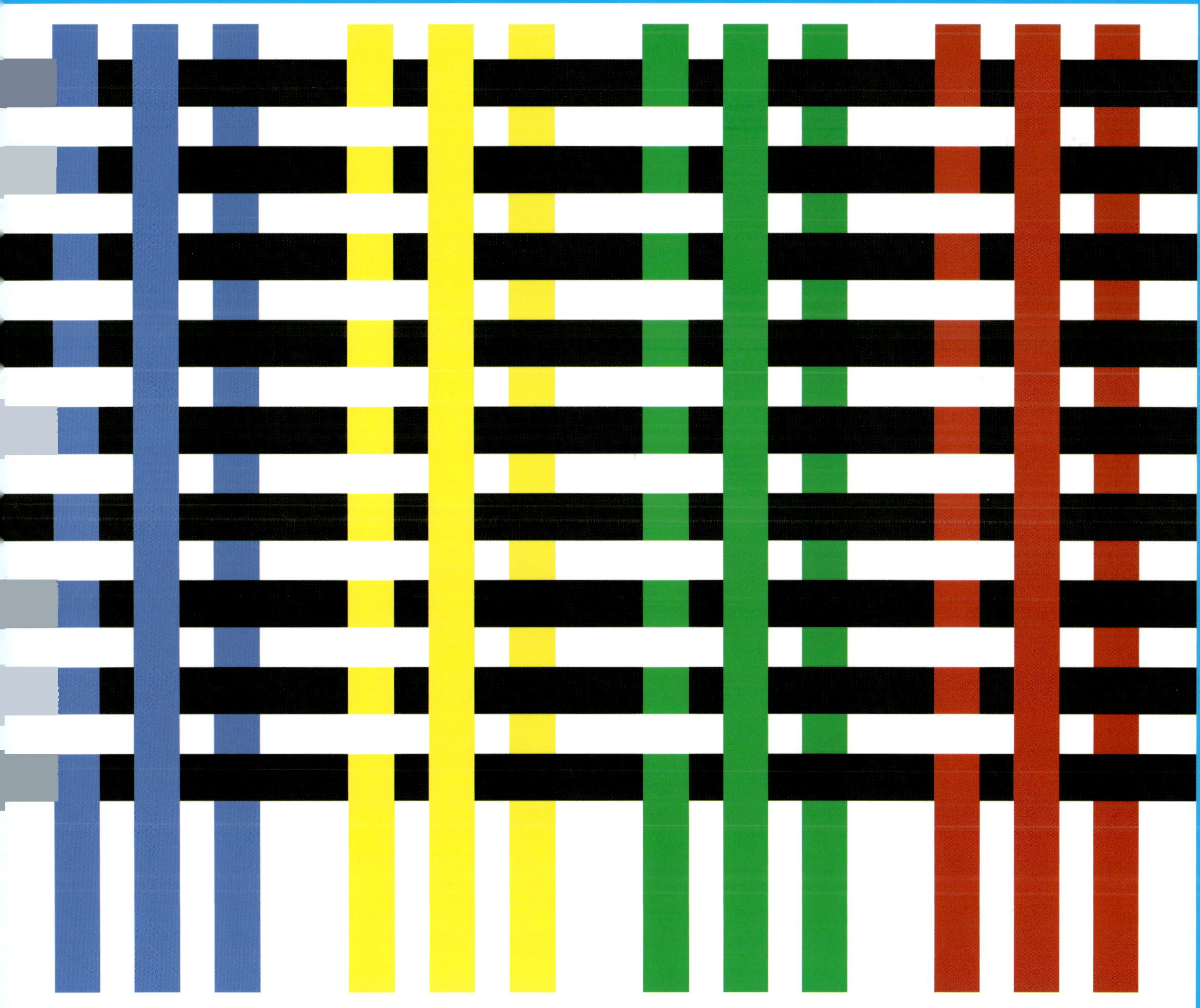

Durchkreuzte Farben

Haben die grünen Säulen unten die gleiche Farbe?

Sind die Grüntöne der Säulen verschieden? Dekodierhilfe A bestätigt, dass sie identisch sind.

Man kann diese Illusion durch Einfügen von mehr als zwei Farben noch steigern. Betrachten Sie nun das untere Bild, wo die senkrechten Säulen in drei verschiedenen Pastelltönen erscheinen. Tatsächlich sind alle drei reinweiß. Die wahrgenommenen Farben entstehen durch verschiedene Mischungen der drei kreuzenden Farben. Man muss die Seite auf Armlänge vor sich halten, um den Effekt deutlich zu sehen.

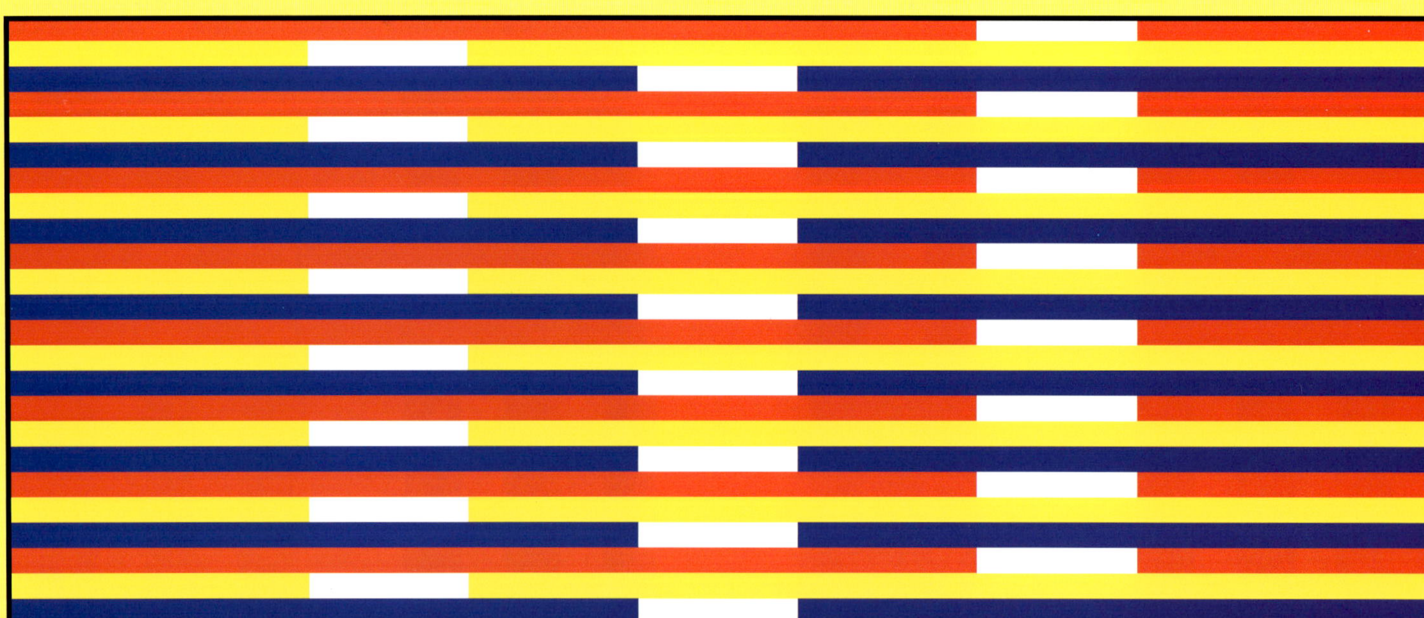

Farbausstrahlung

Wechselt auf dieser Seite die Papierfarbe oder ist sie einheitlich weiß?

Die gefärbten Segmente dieser Kreise und Kurven suggerieren, dass man Quadrate erkennt, die dort so nicht eingezeichnet sind. Diese angedeuteten Quadrate wiederum suggerieren, die durch die imaginären Quadrate abgedeckte Papierfläche wäre ebenfalls gefärbt. Wahrscheinlich sehen Sie zwei leicht grün bzw. rot eingefärbte Quadrate. Bei der Überprüfung mit Dekodierhilfe B verschwindet die Einfärbung.

Farbe kann auch in eine Fläche einsickern. Erscheint diese Schleifenfigur schwach bläulich gefärbt?

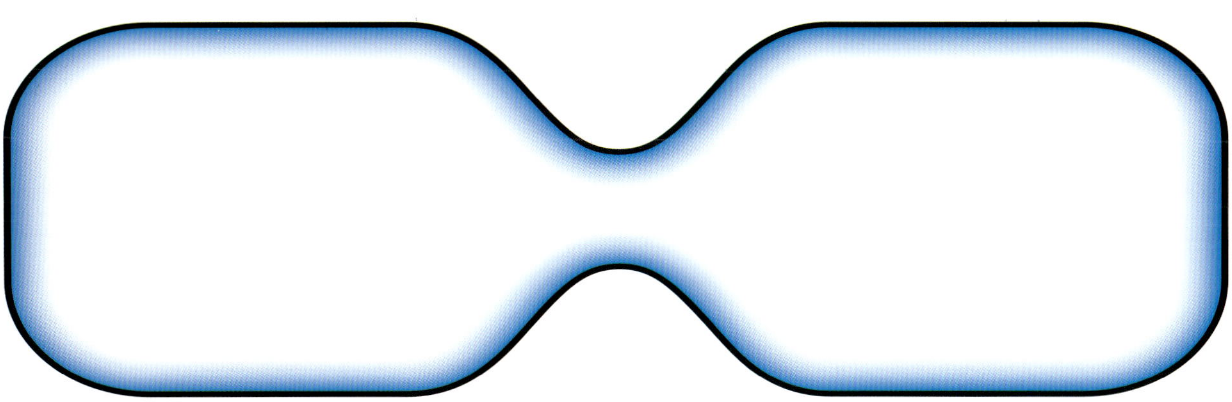

Farbabstufung

Sehen Sie auf dieser Seite vier Kästen mit Kreuzen?

Auf dieser Seite gibt es offenbar vier intensiv gefärbte Kreuze, doch diese Kreuze sind einzig und allein ein Produkt Ihrer Einbildung. Die Diagonalen unterscheiden sich in ihrer Farbe in keiner Weise von den übrigen Teilen der Farbflächen. Mit Dekodierhilfe B lässt sich das feststellen.

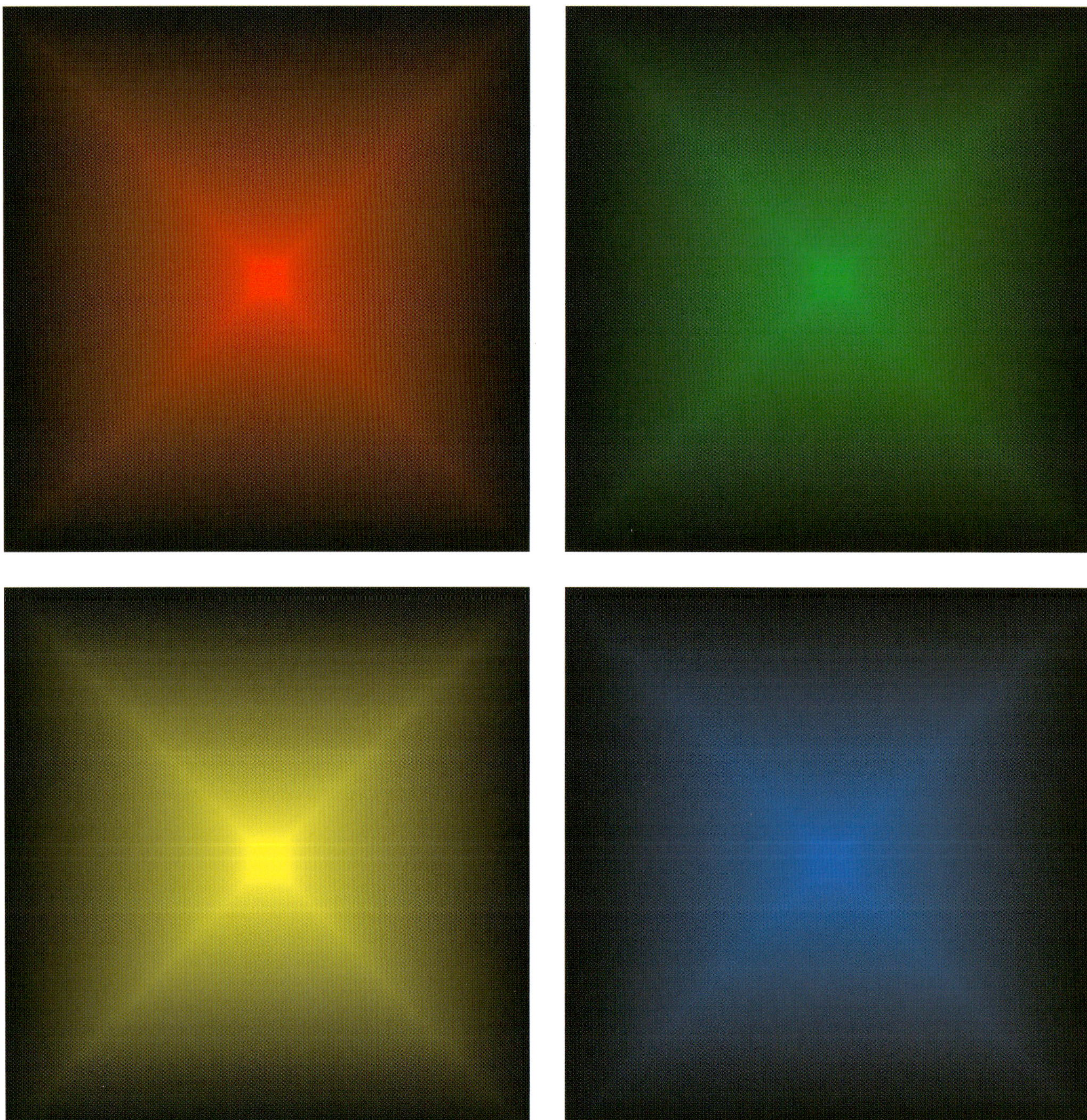

Grenzen verschwinden

Ohne Bezugspunkt kann unser Gehirn feine Farbnuancen nicht unterscheiden.

Oben links ist ein einheitlich orangefarbener Kreis abgebildet, oben rechts ein Kreis mit vier unterschiedlich getönten Segmenten. Stimmt das? Tatsächlich sind beide Kreise völlig identisch gefärbt.

In der Illusion oben sind die Farbunterschiede kaum zu erkennen. In der Illusion rechts sind sie hingegen ganz deutlich.

Das linke Quadrat hat dieselbe Farbe wie das rechte. Trotzdem erscheint es dunkler. In diesem Fall wird ein Farbunterschied wahrgenommen, den es in Wirklichkeit gar nicht gibt.

Weißabgleich

Können Sie sich die unterschiedlich gefärbten Fenster auf dem Foto erklären?

Was wir als Weiß wahrnehmen, ist vom Umgebungslicht abhängig. Bei hellem Sonnenschein erreicht viel mehr Licht unsere Augen als bei Mondschein. Auch die Farbe des Lichts unterscheidet sich. Unterschiedliche elektrische Lichtquellen erzeugen Licht mit unterschiedlicher Farbtemperatur – von bläulich kaltem bis rötlich warmem Weiß. In einem mit einheitlichen Lichtquellen beleuchteten Raum passen sich unsere Augen rasch an, um die Farbwahrnehmung zu standardisieren. Nur von außen, wie in diesem Foto, kann man die Unterschiede der Lichtquellen erkennen, die unser Gehirn sonst automatisch ausgleicht. Was wir als Weiß sehen, kann in der Realität ein breites Farbspektrum umfassen.

Diese automatische Farbanpassung wird in der Abbildung auf der gegenüberliegenden Seite demonstriert.

Farbkorrektur

Welche Farbe hat jeweils die Kachel im Zentrum der vier Quadrate?

B

Die zentrale Kachel im Feld oben links scheint grün zu sein, die oben rechts blau, die unten links hellgelb und die Kachel im Feld unten rechts zeigt ein zartes Lila.

Die rechts neben diesem Text abgebildete Kachel scheint farblos grau zu sein. Richtig?

Überprüfen Sie die Kacheln jeweils mit Dekodierhilfe B. Das hilft, die erstaunliche Wahrheit ans Licht zu bringen: Alle Kacheln haben dieselbe Farbe, auch die mittleren Kacheln oben haben genau denselben Grauton wie die einzelne Kachel rechts. Unser Gehirn nimmt auf der Basis der Umgebungsfarbe eine Farbkorrektur vor. Wie Sie selbst sehen, ist dieser Effekt sehr wirkungsvoll und lässt sich kaum willentlich ausschalten.

Lese*kompetenz*

Berechnen Sie die Summe im ersten Dreieck. Das zweite lesen Sie laut vor.

Zähle
eins zu
zu zwanzig

Nur
einmal im
im Leben

Haben Sie gemerkt, was bei diesen Anweisungen nicht stimmt? Falls nicht, lesen Sie diese nochmals. Ihr Gehirn hat die Fehler ausgebügelt, sodass Sie diese gar nicht bemerkt haben. Die Lösung steht auf Seite 96.

Versuchen Sie nun, den Text unten zu lesen und dabei zu zählen, wie oft der Buchstabe F darin vorkommt.

Finally found in Finland was the result of centuries of scientific research into fog and foreign imports of smog and so on.

Wie viele F haben Sie gezählt? Die Lösung steht auf Seite 96.

Textanalyse

Können Sie diesen Text verstehen? Und wie sieht's mit Kopfrechnen aus?

In fast jedme Wrot werdun Bchusteban vrteauchst.

Sad tsi ielv erswcher, nenw sella deranniedruch sit!

Mit etwas Nachdenken konnten Sie den ersten Satz bestimmt weitgehend entziffern: „In fast jedem Wort wurden Buchstaben vertauscht." Aus dem zweiten Satz wurden Sie dagegen vielleicht nicht so recht schlau. Das liegt daran, dass wir die ersten und in geringerem Maße auch die letzten Buchstaben eines Worts als Schlüssel zu dessen Identifizierung nutzen. Nach Austausch des ersten Buchstabens ist ein Wort wesentlich schwerer zu erfassen.

Nur, falls Sie sich fragen, wie der zweite Satz lautet: „Das ist viel schwerer, wenn alles durcheinander ist!"

Werfen Sie einen Blick auf die Addition rechts. Bevor Sie nun weiterlesen, berechnen Sie die Summe im Kopf.

Haben Sie die Summe ermittelt? Ist sie ein Vielfaches von Tausend? Wenn ja, dann haben Sie sich verrechnet. Aber Sie befinden sich in guter Gesellschaft, denn dies ist ein gängiger Fehler. Viele verwechseln die Größenordnungen bei solchen Aufgaben. Unser Gehirn versucht, hilfreich zu sein, indem es die Zahlen als ähnlich sieht, selbst wenn sie es nicht sind. Die Lösung finden Sie auf Seite 96.

$$
\begin{array}{r}
1000 \\
30 \\
1000 \\
10 \\
20 \\
1020 \\
1000 \\
+ \quad 20 \\
\hline
????
\end{array}
$$

Im Dunkeln **lesen**

Können Sie alle vier Wörter in den weißen Kästen lesen?

Der Text in den Kästen ist unterschiedlich dargestellt, aber alle verborgenen Wörter sind lesbar. Der Erste besteht aus den Lücken zwischen den Buchstaben, die „Paris“ ergeben. Der Zweite zeigt lediglich Schattierungen hinter der Buchstabenfolge „Mexico“. Im unteren Kasten überlappen sich zwei Worte. Mit etwas Konzentration sind die als „New York“ (in hellerem Grau) und „Florida“ (in dunklerem Grau) lesbar.

Text*kunst*

Was sehen Sie?

Auf den ersten Blick scheint dies eine willkürlich mit Buchstaben und Symbolen bedeckte Seite zu sein. Hält man die Seite weiter weg oder nahe an die Augen, sieht man deutlich das Bild eines Papageis.

Mit zwei Augen sehen

So taucht ein Finger mit zwei Spitzen vor Ihren Augen auf.

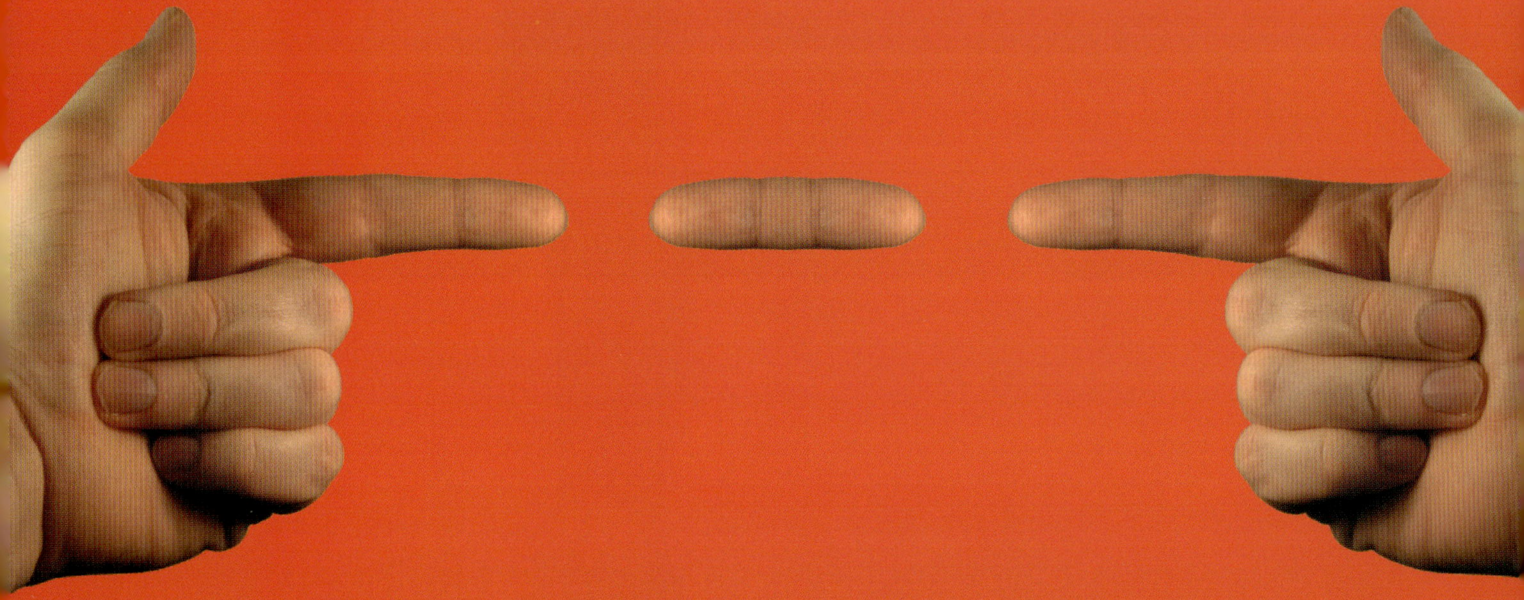

Unsere beiden, in einem gewissen Abstand angeordneten Augen ermöglichen ein räumliches Sehen. Es ist wichtig zur Beurteilung von Entfernungen und Einschätzung von Vorgängen. Befindet sich ein Objekt aber sehr nahe vor den Augen, kann der Augenabstand verwirrende Phänomene bewirken. Wenn Sie beispielsweise jeweils einen Finger vor jedes Auge halten, taucht ein imaginärer dritter Finger auf, wie im Bild oben.

Versuchen Sie, die beiden Hälften unten zusammenzuführen, indem Sie die Seite nah vors Gesicht halten.

Stereoskopische Vision

Was sehen Sie, wenn Sie die Bilder schielend betrachten?

Überkreuzen Sie die Augen, bis Ihr linkes Auge scheinbar das rechte Bild und Ihr rechtes Auge das linke Bild fixiert. Jetzt sollten Sie ein perfekt scharfes dreidimensionales Bild sehen, ganz wie bei einem realen Objekt. Haben Sie Schwierigkeiten damit, legen Sie einen Finger auf das Papier und führen Sie ihn langsam zu Ihrer Nase, während Sie den Finger ständig fixieren. Mit dieser Methode sollte ein klares und scharfes Bild entstehen.

Mit *starrem* Blick

Blicken Sie 20 Sekunden starr auf den Text und dann auf eine weiße Fläche.

HELLO

Die Retina in unserem Auge nimmt die Lichtreize auf. Ihre speziellen Fähigkeiten lassen sich für optische Täuschungen nutzen. Eine Besonderheit ist das Nachbild, ein Effekt, bei dem die Netzhaut bedingt durch ihre Trägheit, auf nicht länger einwirkende Reize weiterreagiert. Die Dauer dieser Effekte hängt meist von der Einwirkungsdauer des ursprünglichen Reizes ab.

In unserem Fall haben Sie zunächst das Wort „HELLO“ angeschaut, das dann als deutlich projiziertes Bild „HELLO“ auftaucht, wenn Sie auf eine weiße Fläche blicken. Es ist dort so klar erkennbar, dass Sie es gut lesen können.

Starren Sie nun 20 Sekunden intensiv auf diese konzentrischen Rechtecke, bevor Sie eine weiße Fläche anschauen.

Sie sollten nun ein scharfes inverses Bild davon sehen. Besonders interessant ist, dass die schwarzen Bereiche zu strahlend weißen Bereichen werden und die ursprünglichen weißen Innenbereiche dunkler und schwärzer erscheinen.

Nachwirkungen

Lassen sie Ihre Augen langsam über diese Bilder schweifen.

Auch wenn Sie Ihre Augen nicht bewusst stillhalten, werden Sie umherirrende Punkte sehen. Dieser irritierende Effekt zeigt sich, egal ob der Hintergrund weiß oder schwarz ist.

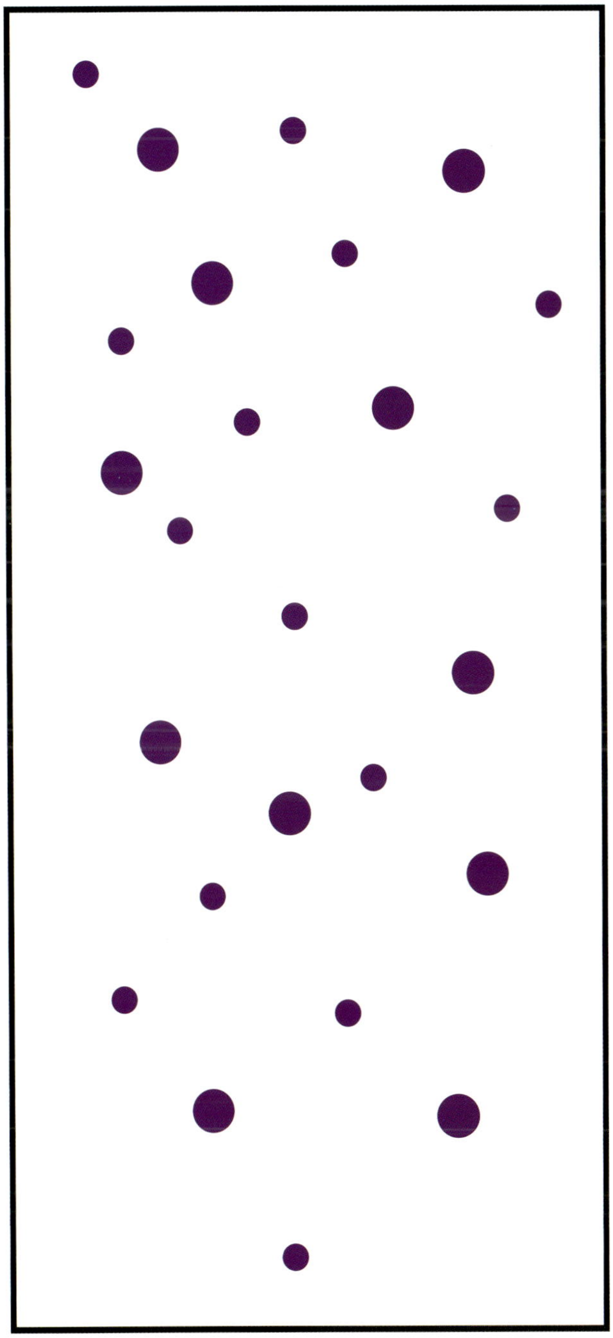

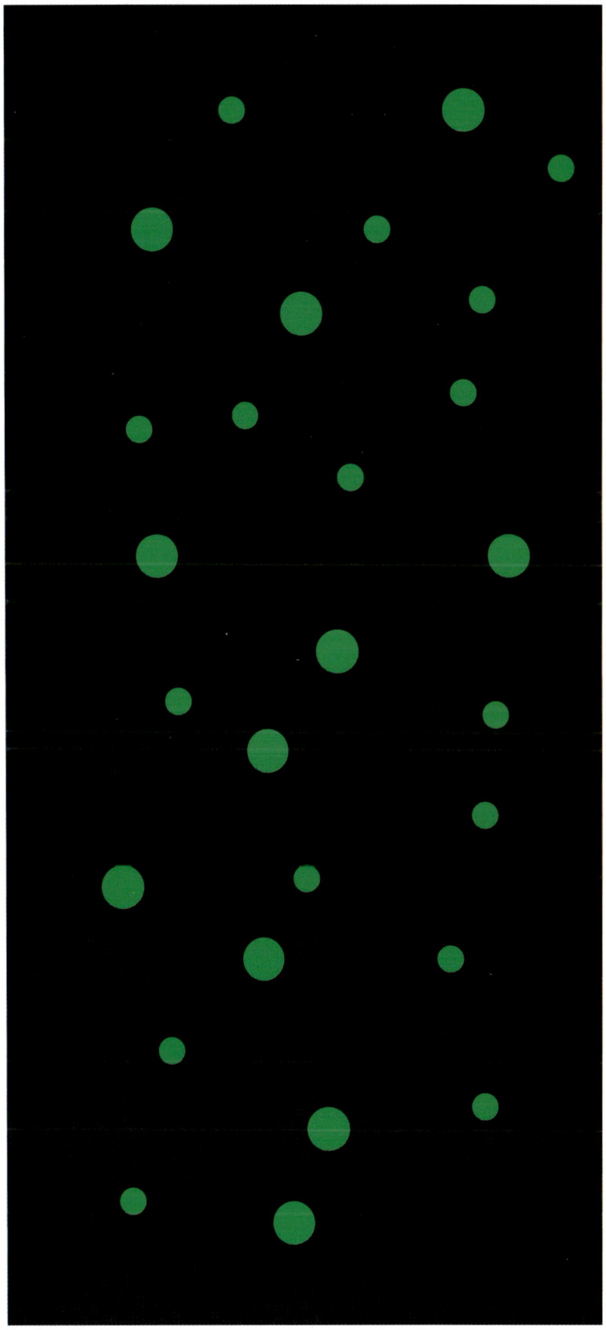

Komplementärfarben

Blicken Sie 20 Sekunden starr auf die Lampe und dann auf eine weiße Wand.

Der Effekt ist beeindruckend: Sie sehen nicht nur eine weiß leuchtende Glühbirne, sondern auch einen intensiv gelben Glühfaden im Inneren. Sollte der Faden nicht sofort sichtbar sein, spätestens nach einer Sekunde erscheint er. Die Glühbirne mit ihren Details bleibt einige Sekunden deutlich sichtbar.

Ein blinder Fleck

Rechtes Auge schließen, den grünen Zylinder fokussieren und das Buch näherziehen.

Halten Sie das Buch weit genug weg (etwa 50 cm oder mehr), um bei geschlossenem rechten Auge alle drei Zylinder deutlich sehen zu können. Das rechte Auge bleibt geschlossen, dann schauen Sie gezielt auf den grünen Zylinder. Die gelbe und rote Scheibe sollten dabei am Rand des Gesichtsfelds erkennbar sein.

Wenn Sie das Buch näher heranziehen, wird erst die rote Scheibe verschwinden und dann wieder auftauchen. Anschließend verschwindet die gelbe Scheibe und taucht ebenfalls wieder auf.

Verursacht wird dieser Effekt durch den blinden Fleck, den Bereich, in dem der Sehnerv ins Auge mündet. Man nimmt ihn gewöhnlich nicht wahr, denn unser Gehirn korrigiert die Lücke durch Informationen des anderen Auges oder aus anderen Teilen der Szene. Ist ein einzelnes Objekt, wie hier, für kein Auge erkennbar, verschwindet es.

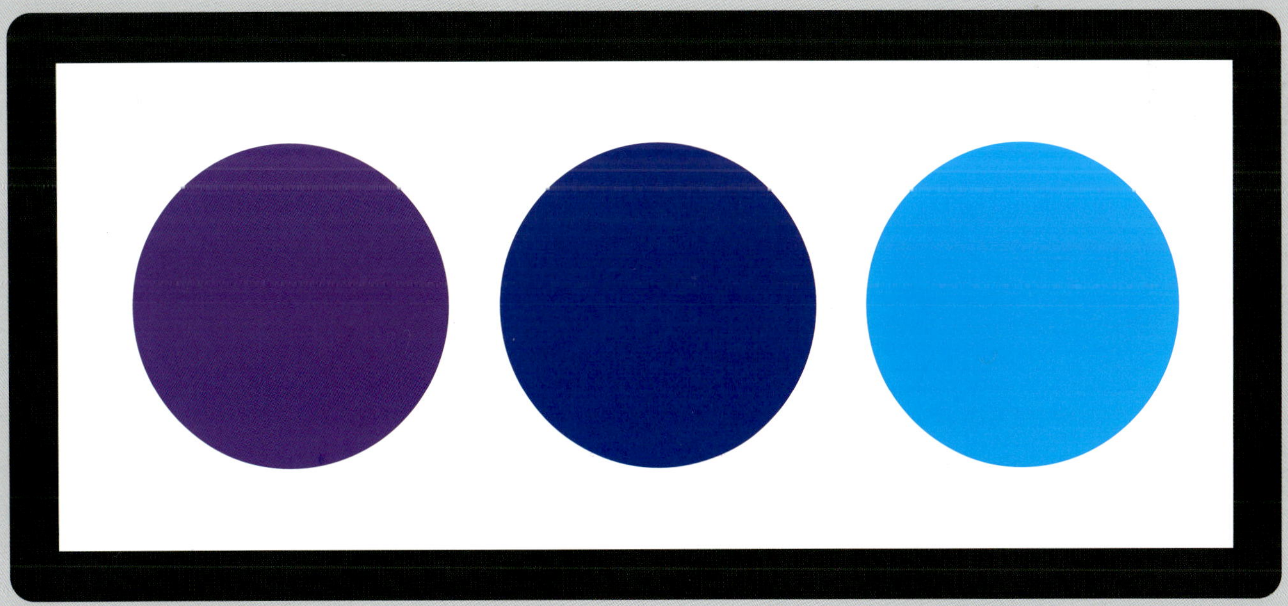

Hier ist eine weitere, auf Komplementärfarben beruhende Illusion, mit einer inversen Ampel. Drehen Sie das Buch, bis der lila Punkt unten liegt. Blicken Sie 20 Sekunden starr auf das Rechteck. Anschließend schauen Sie auf eine möglichst weit entfernte weiße Wand. Vor Ihnen tauchen rote, gelbe und grüne Scheiben auf. Die Täuschung braucht aber einen Moment, um sich zu stabilisieren.

Ermüdung

Fixieren Sie den grauen Fleck links, bis er verschwindet.

Wenn Sie konzentriert auf den grauen Fleck starren, merken Sie, dass er rasch verblasst und sich irgendwann nicht mehr von seiner Umgebung abhebt. Das funktioniert aber nur, solange Sie den Blick starr darauf gerichtet halten.

Es funktioniert auch, wenn andere Objekte für Ablenkung sorgen. Starren Sie auf den Fleck rechts. Es dauert etwas länger, bis er verschwindet, oder Sie nur eine graue Scheibe auf dem weißen Papier sehen.

Illusionen können das Auge auch ermüden. Auf dem Bild rechts sollten Sie einen, durch das gelbe Quadrat bewirkten, helleren Bereich im Zentrum wahrnehmen.

Blicken Sie nun einige Sekunden ununterbrochen auf das Bild. Die helle Fläche wird bald mit der Umgebung verschwimmen.

Ein kurzer Blick zur Seite genügt aber, um die ursprüngliche Illusion wieder aufleben zu lassen.

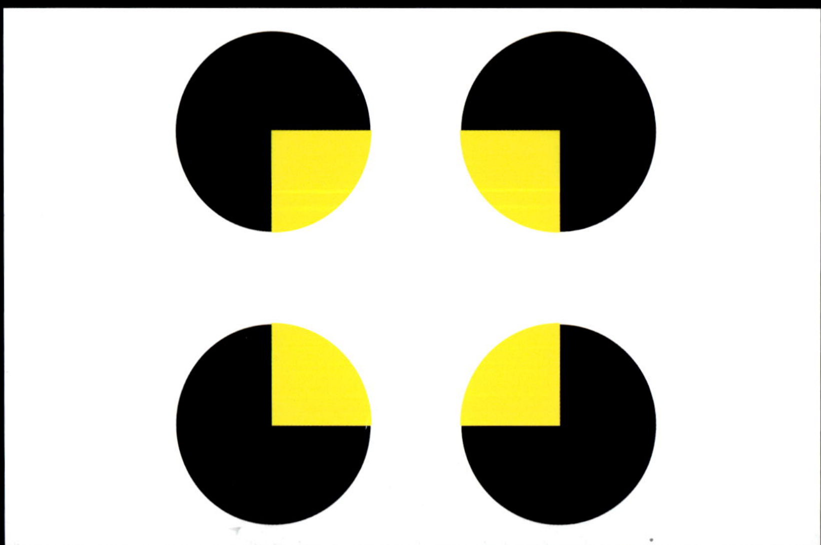

Vom Nebel verschluckt

Nicht nur das Grau kann verschwinden. Fixieren Sie den orangefarbenen Fleck.

Fixieren Sie das Zentrum des orangefarbenen Flecks in der Mitte des Bildes – eine tolle Illusion wird sich einstellen. Zunächst verschwinden die umliegenden magentarot, gelb, grün und blau schimmernden Flecken im Grau des Hintergrunds. Mit etwas Geduld verblasst auch irgendwann das Orange, und eine einheitlich graue Fläche bleibt übrig. Man muss das Buch dabei nahe vor die Augen halten.

Die Lücken **füllen**

Diese grauen Scheiben scheinen frei im Raum zu schweben.

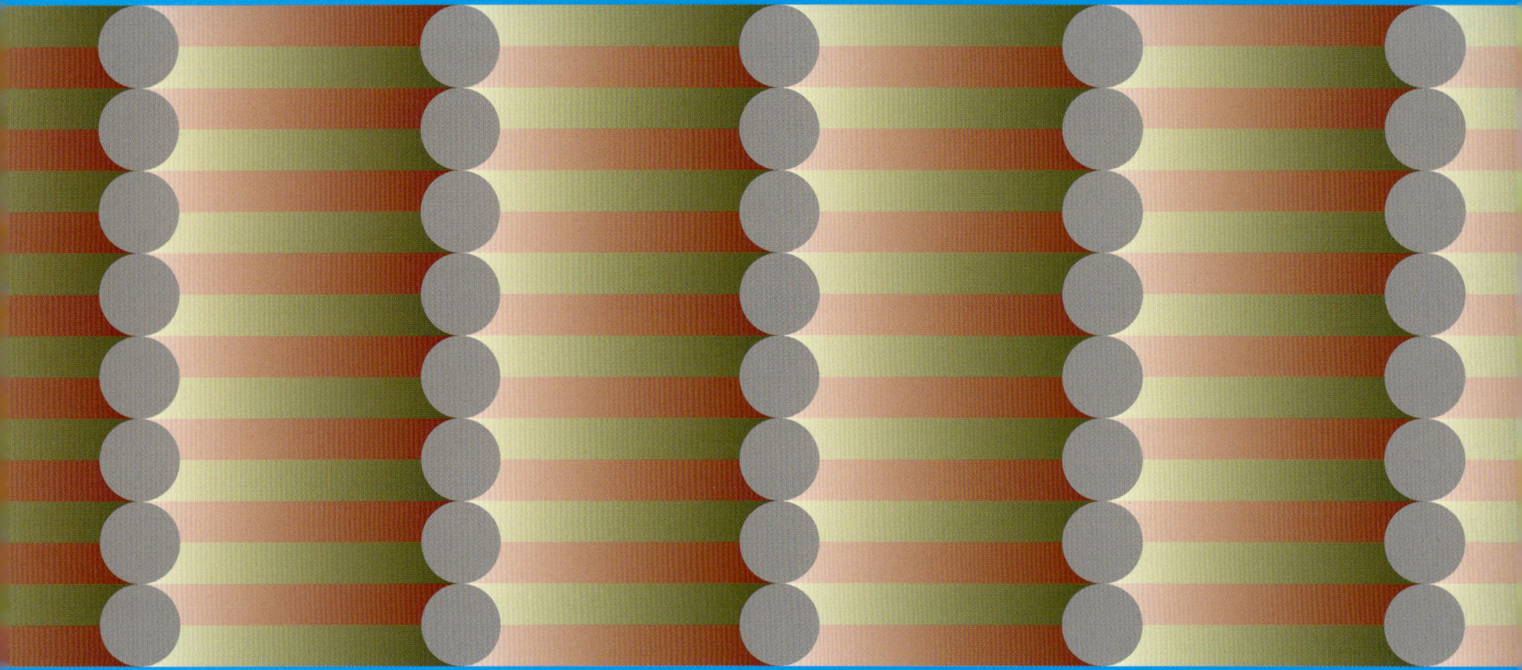

Die Tiefenwirkung der Abbildung oben ist erstaunlich. Selbst wenn man mit beiden Augen auf diese Seite schaut, vermittelt das Zusammenspiel der Schatten den Eindruck, die Scheiben würden abgehoben schweben oder die farbigen Bögen sich nach hinten wölben.

Das Gitter rechts scheint mit roten Kreisen bestückt zu sein, dabei gibt es dort nur rote Kreuze. **B**

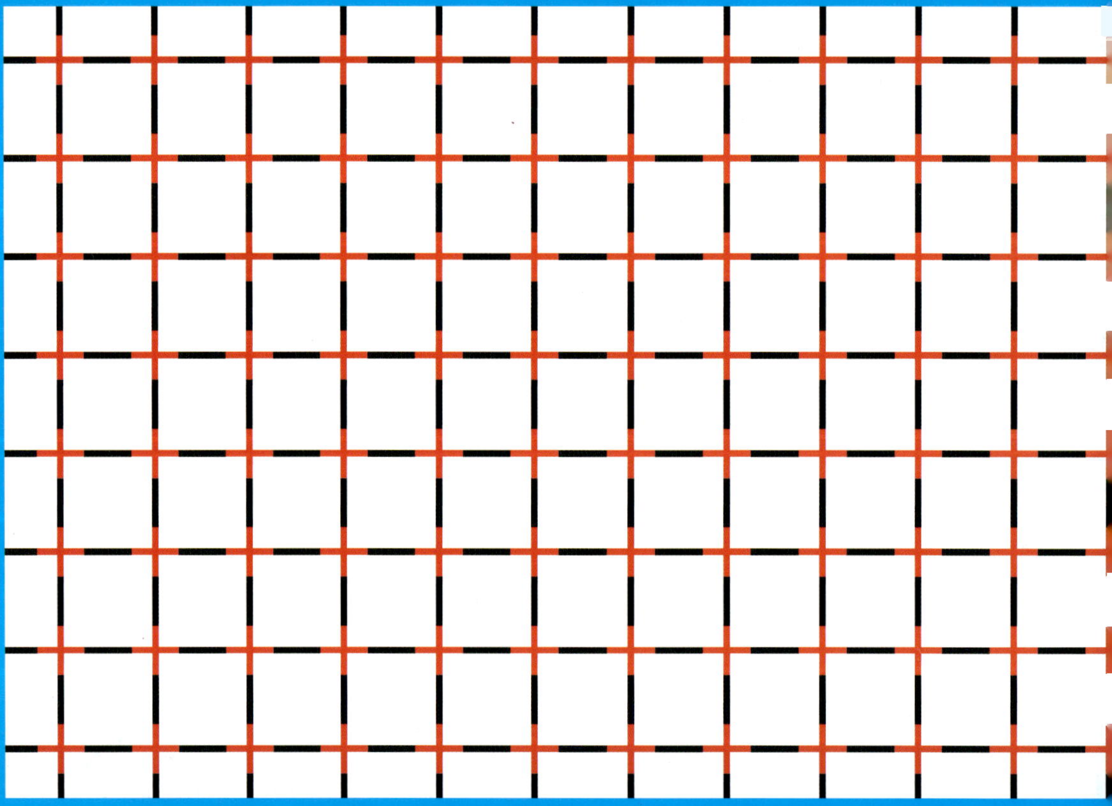

Morgenröte

Sehen Sie auch die schimmernden bunten Regenbögen in dieser Abbildung?

Lassen Sie Ihre Augen über die grauen Kacheln schweifen und Sie werden bunte Regenbögen bemerken.

Die richtigen *Antworten*

Lösungen zu im Buch aufgeworfenen Fragen und Problemen

Die meisten der in diesem Buch aufgeworfenen Fragen lassen sich mit der Dekodierhilfe beantworten, die vorne im Buch eingeheftet ist. Einige Probleme erfordern aber eine spezielle Antwort.

Seite 15
Der unterste der drei Punkte bildet das vertikale Zentrum des Dreiecks. Der zweite Punkt von unten ist die vertikale Mitte des Herzens. Die Abbildungen rechts verdeutlichen das.

Seite 25
Die versteckten Bilder verbergen sich auf den Säulen. Die linke Säule trägt das Bild einer schwarzen Katze, die rechte zeigt die Spitze der Freiheitsstatue. Um die Bilder deutlich zu sehen, halten Sie das Buch ganz flach und betrachten jede Säule der Länge nach.

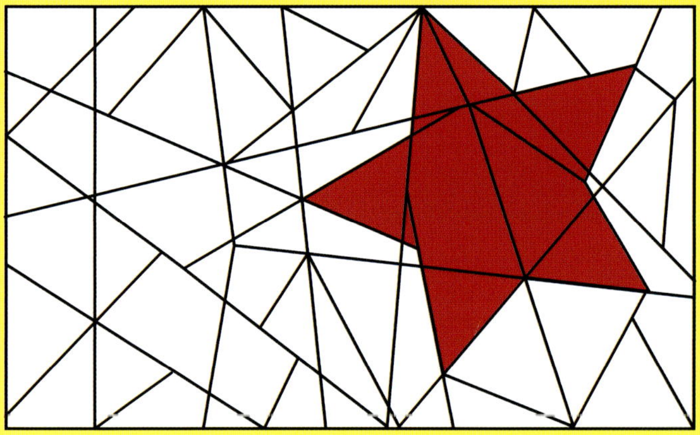

Seite 51
Der Stern verbirgt sich wie rechts in der Abbildung.

Page 55
Das Quadrat passt, wie rechts illustriert, perfekt in die vorgegebenen Punkte.

Seite 82
Rechts steht das Wort „zu“ zweimal, links „im“.
Der Buchstabe F taucht insgesamt neunmal auf. Vielleicht müssen Sie einfach noch einmal nachzählen?

Seite 83
Die korrekte Summe lautet 4100. Viele kommen aber auf das falsche Resultat 5000.